基于BIM的Revit 钢筋设计案例教程

卫涛 柳志龙◎编著

清华大学出版社

北 京

内 容 简 介

本书以一栋已经完工并交付使用的 15 层框架剪力墙住宅楼的地下基础部分与地上一、二层为例,详细介绍使用 Revit 配筋的相关知识。此实例虽小,但以小衬大,全面涵盖结构专业中工程桩、独立基础、基础梁、框架柱、框架梁、剪力墙、楼梯和楼板等常用构件的绘制方法。

本书完全按照专业设计、工程算量、生成图纸和建筑施工的高要求介绍操作的整个过程,可以让读者深刻地理解所学习的知识,从而更好地进行绘图操作。另外,本书配有 10 小时高品质教学视频,可以帮助读者高效、直观地进行学习。读者可以按照前言中的说明下载教学视频和其他配套教学资源。

本书共 7 章,涵盖的主要内容有设置钢筋保护层、新建剖切面、选择混凝土构件、切换钢筋形状、放置钢筋、调整钢筋和复制配筋等。针对项目中所有类型的钢筋,统计其长度,计算其总长度和总重量,并生成《钢筋明细表》。

本书内容翔实,实例丰富,结构合理,讲解细腻,特别适合结构设计、建筑设计、建筑电气设计和室内设计的相关工作人员阅读,也适合大中专院校的相关专业和培训机构作为教材,还可供房地产开发、建筑施工、工程造价和 BIM 咨询等相关从业人员作为参考资料。

图书在版编目(CIP)数据

基于 BIM 的 Revit 钢筋设计案例教程/卫涛,柳志龙编著. —北京:清华大学出版社,2023.10
ISBN 978-7-302-64769-0

Ⅰ.①基… Ⅱ.①卫… ②柳… Ⅲ.①钢筋混凝土结构-结构设计-计算机辅助设计-应用软件
-教材 Ⅳ.①TU375.04-39

中国国家版本馆 CIP 数据核字(2023)第 194838 号

责任编辑:王中英
封面设计:欧振旭
责任校对:胡伟民
责任印制:刘海龙

出版发行:清华大学出版社
    网   址:https://www.tup.com.cn,https://www.wqxuetang.com
    地   址:北京清华大学学研大厦 A 座   邮   编:100084
    社 总 机:010-83470000   邮   购:010-62786544
    投稿与读者服务:010-62776969,c-service@tup.tsinghua.edu.cn
    质量反馈:010-62772015,zhiliang@tup.tsinghua.edu.cn
印 装 者:涿州汇美亿浓印刷有限公司
经 销:全国新华书店
开 本:185mm×260mm   印 张:14   字 数:350 千字
版 次:2023 年 11 月第 1 版   印 次:2023 年 11 月第 1 次印刷
定 价:79.80 元

产品编号:104274-01

前　言

钢筋与混凝土两种建筑材料的结合为人类建筑史开辟了新纪元。自此，高层建筑与大跨度的桥梁开始批量建造；建筑物的寿命也提升至 50—60 年甚至 100 年。钢筋与混凝土之所以可以共同使用，是由其自身的材料性质决定的。首先，钢筋与混凝土有着近似相同的线膨胀系数，不会由于环境不同而产生过大的应力。其次，混凝土中的氢氧化钙提供的碱性环境在钢筋表面形成了一层钝化保护膜，使钢筋在中性与酸性环境中不易腐蚀。另外，从力学角度讲，钢筋主要承受的是压力，而混凝土主要承受的是拉力，两者的受力相互补短。

在进行混凝土的结构设计时，结构工程师先根据经验绘制出混凝土构件，然后进行结构计算（手算或计算机辅助计算），计算其结构是否合理，并计算其单位面积的含钢量，最后根据含钢量，在混凝土构件上配筋，绘制出结构施工图。

我国结构施工图（钢筋混凝土结构体系）的绘制大体有三种方法：一是中华人民共和国成立初期至 20 世纪 90 年代末的"详图法"（又称"配筋图"）；二是 20 世纪 80 年代初至 90 年代初在我国东南沿海开放城市应用的"梁表法"；三是 20 世纪 90 年代至今普及的"平法"。

陈青来教授把结构构件的尺寸和钢筋等整体直接表达在各类构件的结构平面布置图上，再与标准构造详图相配合，即构成一套完整的结构施工图。这种方法改变了传统采用的将构件从结构平面布置图中索引出来，再逐个绘制配筋详图的烦琐方法，是混凝土结构施工图设计方法的重大改革。这种方法即"平法"。使用"平法"进行设计、施工和算量，从 20 世纪 90 年代一直沿用至今。《混凝土结构施工图平面整体表示方法制图规则》（简称"平法"）作为我国国家建筑标准设计图集，目前已更新到 22 版（图集编号：22G101）。

"平法"，顾名思义，就是在平面上画图并进行标注。但在教学中，很难将新建的钢筋与"平法"绘制的图形标注一一对应，老师不好描述，学生不好想象，也不好理解。

使用 Revit 建立钢筋模型有两个问题：一是在设计时不能生成符合"平法"的钢筋标注；二是在建模时不能根据"平法"自动生成钢筋。用 Revit 建立钢筋模型时，有的设置好参数之后可以生成钢筋网，但大部分情况下需要一根一根地建。一根一根地建是钢筋设计的基本功，制图人员可以很直观地了解这根钢筋的形状、弯钩、伸入支座的距离和锚固的长度等。只有经过这样的学习，打好基础之后才可以选用一些基于"平法"的 Revit 钢筋插件进行操作。

使用 Revit 建立钢筋模型必须要在混凝土构件中完成。换句话说，Revit 新建的钢筋一定要附着在混凝土构件中。本书实例涉及的混凝土构件代码、材质名称和构件颜色详见表1。使用 Revit 新建钢筋，要在剖面视图中操作（在平面视图、立面视图和三维视图中皆无法操作）。因为篇幅所限，本书不介绍混凝土构件的绘制，也不介绍如何新建与调整剖面视图，这些内容请读者参看笔者出版的其他相关著作。

表 1 混凝土构件

构件名称	代码	材质名称	构件颜色		
			R	G	B
工程桩	Z	桩-砼	255	0	0
垫层	DC	垫层-砼	0	255	0
基础	CT、J	基础-砼	0	0	255
剪力墙	Q、LL、GAZ、GJZ、GYZ	墙-砼	255	255	0
楼梯	TZ、TL、PTB、DT	楼梯-砼	255	0	255
框架柱	KZ	柱-砼	0	255	255
基础梁	JL	梁-砼	255	255	255
楼板	B	板-砼	100	100	100
梁	KL、XL、L	框梁-砼	200	200	200

绘制钢筋的一些细部构造，如伸入支座的长度、两端带不带弯钩、与相邻构件搭接的方式等，本书并没有展开讲解，请读者参看"平法"，即国家建筑标准设计图集《混凝土结构施工图平面整体表示方法制图规则和构造详图》（现浇混凝土框架、剪力墙、梁、板）22G101 的 1~3 册。

本书特色

1. 配 10 小时高品质教学视频，提高学习效率

为了便于读者高效、直观地学习本书内容，笔者专门录制了 10 小时高清配套教学视频（MP4 格式），对书中的重点内容和操作进行重点讲解。

2. 选用经典案例进行教学

本书选用的案例是一个已经完工的 15 层框架剪力墙结构的住宅楼，节选其地下的基础部分与地上的一、二层进行实战配筋讲解。虽然是节选，但该案例以小衬大，涵盖结构专业中常用的构件，如工程桩、独立基础、基础梁、框架柱、框架梁、剪力墙、楼梯和楼板等。

3. 提供完善的技术支持

本书提供专门的技术支持 QQ 群（48469816 和 157244643），读者在阅读本书的过程中有疑问，可以通过该群获得帮助。

4．使用快捷键，提高工作效率

本书介绍的制图操作完全按照实战要求展开，即不仅要准确，而且要快速，因此每一步操作都尽量采用快捷键来完成。本书附录 A 收录的是 Revit 常用快捷键的用法。

本书内容

第 1 篇　基础知识

第 1 章介绍 Revit 绘制钢筋的特点和步骤，以及软件自带钢筋的形状和自定义钢筋形状族，还介绍钢筋保护层的概念及其设置方法。

第 2 章以一个基础筏板为例，将绘制钢筋的常用命令和配筋的一般流程贯穿其中进行讲解，为后续的案例学习打下基础。

第 2 篇　案例实战

第 3 章介绍工程桩的配筋，以及扩展基础和承台的配筋方法。工程桩钢筋类型有螺旋筋、纵筋和加劲箍。

第 4 章介绍框架柱的配筋，以及剪力墙的暗柱、墙身和连梁配筋的方法。框架柱钢筋类型有箍筋、纵筋和拉结筋。

第 5 章介绍基础梁、框架梁和次梁 3 种梁构件的配筋方法，以及楼板的配筋。楼板的钢筋类型有底筋、面筋、分布筋和温度筋。

第 6 章介绍混凝土板式楼梯配筋的方法，具体包括梯板、平台板、梯梁和梯柱等构件，还介绍如何在楼梯间出入口的雨棚用自定义钢筋形状族进行配筋的方法。

第 7 章介绍如何使用 Revit 明细表功能统计工程量，包括钢筋的总长度与总重量，还介绍如何使用明细表功能生成施工图中需要的表格，如楼板明细表和框架柱明细表。

附录 A 介绍 Revit 常用快捷键的用法。

附录 B 收录与本书实例配套的结构专业图纸。

附录 C 收录 Revit 自带的 52 种钢筋形状图。

附录 D 介绍与本书实例配套的各剖切面视图编号。

配套资源获取

为了方便读者高效地学习，本书专门为读者提供了以下配套学习资源：

❑ 10 小时配套教学视频；

❑ 配套教学课件（PPT）；

❑ 分步骤用到的 RVT 项目文件；

❑ 本书涉及的 RFA 族文件。

这些配套资源需要读者自行下载。请在清华大学出版社网站（www.tup.com.cn）上搜索到本书，并在本书页面上找到"资源下载"栏目，然后单击"网络资源"按钮即可进行下载；也可以关注微信公众号"方大卓越"并回复"7"，获取下载链接。

读者对象

- ❑ 从事结构设计的人员；
- ❑ 从事 BIM 咨询的人员；
- ❑ 从事建筑电气设计的人员；
- ❑ 从事机电设备设计的人员；
- ❑ 从事建筑设计的人员；
- ❑ Revit 二次开发人员；
- ❑ 房地产开发人员；
- ❑ 建筑施工人员；
- ❑ 工程造价从业人员；
- ❑ 建筑软件和三维软件爱好者；
- ❑ 需要一本案头必备查询手册的人员；
- ❑ 建筑学、土木工程、建筑电气与智能化、给排水科学与工程、建筑环境与能源应用工程、工程管理、工程造价和城乡规划等相关专业的大中专院校的学生。

致谢

本书由卫老师环艺教学实验室的卫涛和柳志龙编著。本书的编写承蒙卫老师环艺教学实验室全体同仁的支持与关怀，在此表示感谢！还要感谢在本书的策划、编写与统稿中给予我们大量帮助的各位编辑！

虽然我们对本书所述内容都尽量核实，并多次进行审校，但因时间所限，书中可能还存在疏漏和不足之处，恳请读者批评与指正。

卫涛

于武汉钟家村

目　　录

第 1 篇　基础知识

第2篇　案例实战

第1篇
基础知识

第1章 绪　　论

我国建筑最常见的结构形式是钢筋混凝土结构。钢筋是抗拉构件，混凝土是抗压构件，两种构件正好形成了互补。结构工程师在使用 Revit 进行结构设计时，首先绘制混凝土构件，然后再绘制钢筋。因为篇幅与侧重点的因素，本书只介绍使用 Revit 绘制钢筋。

1.1　Revit 钢筋设计简介

本节介绍在 Revit 中绘制钢筋的特点，以及在 Revit 中绘制钢筋的一般步骤。

1.1.1　Revit 绘制钢筋的特点

在 Revit 中绘制钢筋特点很鲜明，既有优点，又有缺点。

1. 优点

❑ Revit 绘制的钢筋有三维可视性，方便施工管理；
❑ Revit 可以方便地统计钢筋的工程量，如各类型钢筋的长度和重量等；
❑ Revit 中的钢筋可以与混凝土构件紧密地结合在一起。

2. 缺点

❑ 不能根据平法快速生成钢筋网；
❑ 只能在剖面视图中添加钢筋；
❑ 在族编辑界面不能绘制钢筋。

本书中所有的图纸应根据表 1.1 在 Revit 中选择钢筋类型。

表 1.1　钢筋符号对应表

钢 筋 符 号	钢　　筋	中 文 名 称
Φ	HPB300	一级钢
Φ	HRB335	二级钢
Φ	HRB400	三级钢

1.1.2　在 Revit 中绘制钢筋的步骤

在 Revit 中绘制钢筋的初学阶段，需要严格遵循下面的步骤：

（1）绘制或检查混凝土构件。在 Revit 中，钢筋是紧密依附于混凝土构件的，没有混凝土构件是无法绘制钢筋的。关于混凝土构件的绘制，请参看笔者编写的其他 Revit 图书。

（2）设置保护层厚度。这一内容将在本章的下一节中详细介绍。

（3）设置剖面视图并进入相应的视图。Revit 可以在别的视图中移动和复制钢筋。但是只能在剖面视图中添加钢筋。在本书的实例中新建了很多剖面视图，其编号详见附录 D。

（4）发出钢筋命令。常用的钢筋命令有 3 种：结构钢筋（图中①处）、结构区域钢筋（图中②处，又叫"面积"）和结构路径钢筋（图中③处），如图 1.1 所示。其中，"结构钢筋"命令用得最多，笔者为其自定义了快捷键 GJ，快捷键的使用与自定义快捷键的方法见本书附录 A。"结构区域钢筋"命令在绘制板底筋时会使用到。"结构路径钢筋"命令在绘制板面筋与分布筋时会使用到。

（5）在"钢筋形状浏览器"面板中选择相应的钢筋形状，如图 1.2 所示。如果没有出现"钢筋形状浏览器"面板，则需要单击"启动/关闭钢筋形状浏览器"按钮。这一内容在下一小节中会详细讲解。

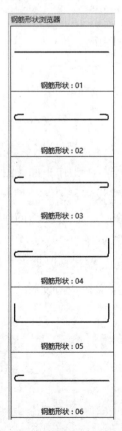

图 1.1　常用的钢筋命令　　　　　　　　　　　　图 1.2　钢筋形状浏览器

（6）在"属性"面板中选择钢筋类型，如图 1.3 所示。此处是选择钢筋的直径与强度。

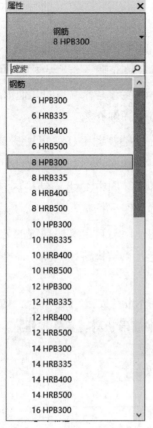

图 1.3　选择钢筋类型

图 1.4　放置平面与放置方向

（7）设置"放置平面"与"放置方向"，如图 1.4 所示。放置平面有 3 个选项：当前工作平面（图中①处）、近保护层参照（图中②处）和远保护层参照（图中③处）。放置方向也有 3 个选项：平行于工作平面（图中④处）、平行于保护层（图中⑤处）和垂直于保护层（图中⑥处）。这些设置需要具体情况具体分析。

（8）设置钢筋集。拉筋与箍筋在图中的标注方法是"钢筋直径@间距"，如 Φ20@200。这时需要使用"钢筋集"命令，在"布局"下拉列表中选择"最大间距"选项，在"间距"栏中输入 200（Revit 默认是以毫米为单位，只用输入数值，软件会自动在后面加上单位 mm。后面都按这个方法操作，请读者注意。），如图 1.5 所示。

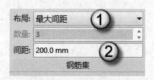

图 1.5　钢筋集

（9）在三维视图中查看与检查。如果在三维视图中看不到钢筋，需要调整相应钢筋的

"视图可见性状态"，这一内容将在后面章节中结合实例进行讲解。

1.1.3　钢筋的形状

Revit 自带 52（1～53，没有 40）种钢筋形状，以族的形式提供给用户，族文件的后缀名是 RFA。启动 Revit 后，在"族"栏中单击"打开"按钮（图中①处），进入 China|"结构"|"钢筋形状"目录（图中②处），可以观察到 52 个 RFA 文件（图中③处），如图 1.6 所示。这 52 种钢筋形状见本书附录 C。

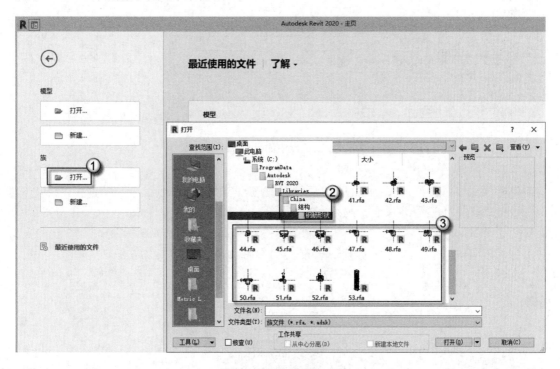

图 1.6　钢筋形状族文件

打开 43.rfa 文件（此处以 43 号钢筋形状族为例，讲解族文件标注的具体内容，其余的族与之大同小异），进入族编辑界面，单击"族类型"按钮，在弹出的"钢筋形状参数"对话框中，可以观察到图形的尺寸标注与对话框的尺寸标注是一一对应的：标注 A（图中①处）、标注 B（图中②处）、标注 C（图中③处）、标注 D（图中④处）、标注 H（图中⑤处）和标注 K（图中⑥处），如图 1.7 所示。将这个钢筋形状（43.rfa）族载入项目中，绘制钢筋时，如选择这一钢筋形状，可以观察到"属性"面板中的"尺寸标注"栏的标注也与之一一对应，如图 1.8 所示。

钢筋形状的尺寸标注是 A～R。这 52 种钢筋形状的尺寸标注都不一样，需具体问题具体分析。读者在学习时，可以打开族文件，从图形中了解标注尺寸的具体意义。

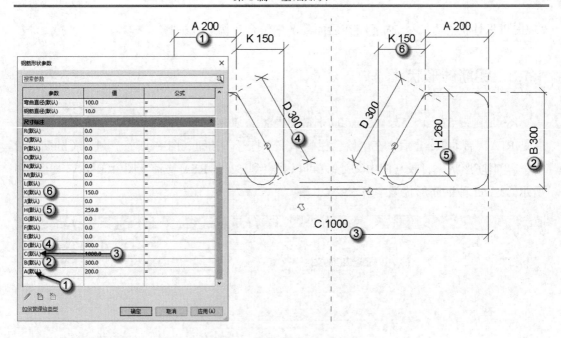

图 1.7　族中的尺寸标注

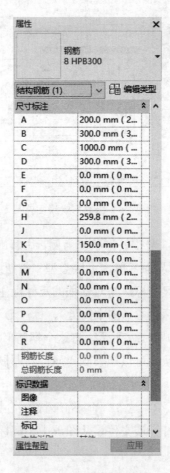

图 1.8　项目中的尺寸标注

1.1.4　自定义钢筋形状

如果 1.1.3 小节介绍的 52 种钢筋形状都不能满足要求，就需要自定义钢筋形状。本小节以图 1.9 所示的异形钢筋为例，介绍如何自定义钢筋形状（以族的形式进行定义）。注意，这个钢筋形状族在后面的实例中会使用到。

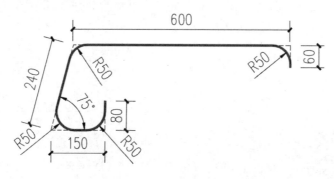

图 1.9　异形钢筋形状

（1）启动 Revit，在"族"栏中单击"新建"按钮（图中①处），在弹出的"新族-选择样板文件"对话框中选择"钢筋形状样板-CHN.rft"文件（图中②处），单击"打开"按钮（图中③处），如图 1.10 所示。

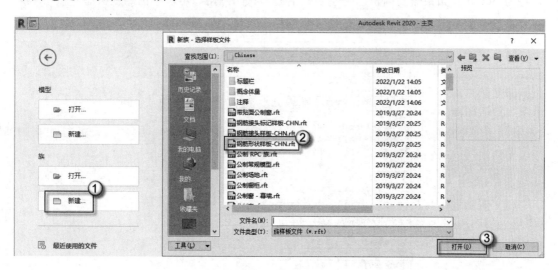

图 1.10　新建族

（2）在 ViewCube 上单击"上"视图，如图 1.11 所示，进入"上"视图，然后取消选中"多平面"按钮。

⚲注意：在钢筋形状族的操作界面中，默认没有平面视图，也无法新建平面视图，只能调整 ViewCube，将 3D 视图转成平面视图。只有在平面视图中，才能准确绘制钢筋的形状。

（3）创建钢筋形状。选择"创建"|"钢筋"命令，根据图 1.9 的形状与尺寸，在作图区域绘制出钢筋的形状，如图 1.12 所示。

🔔**注意**：钢筋形状应使用"钢筋"命令直接绘制（这样绘制的钢筋形状是二维的），而不要用"参照线"绘制草图。因为使用"参照线"命令绘制的钢筋形状是三维的，三维钢筋形状族要使用其他的方法才能载入项目中使用。

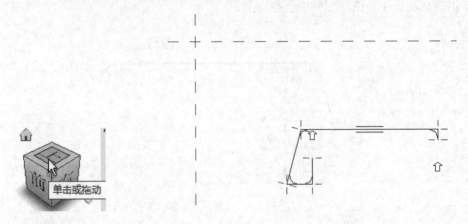

图 1.11　上视图　　　　　　　　　　　　图 1.12　创建钢筋形状

（4）调整钢筋的圆角。钢筋在转折处都要进行圆角处理，这一钢筋形态族所有的圆角半径为 50mm。如果需要调整已经绘制的钢筋形状的圆角，可以单击"族类型"按钮🔳，在"钢筋形状参数"对话框中调整"弯曲直径"数值，如图 1.13 所示。

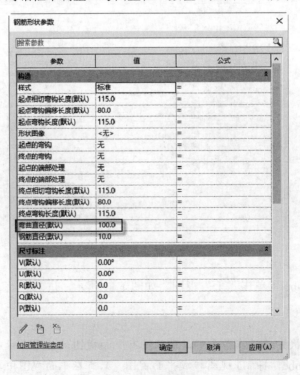

图 1.13　弯曲直径

（5）尺寸标注。按 DI 快捷键，发出"对齐尺寸标注"命令，对钢筋进行一系列标注，如图 1.14 所示。

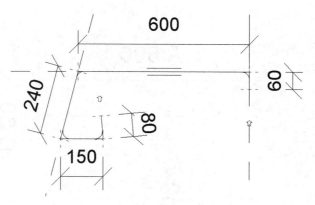

图 1.14　尺寸标注

（6）关联标注 A。选择 600 的标注，在"标签"栏的下拉列表中选择 A 选项，如图 1.15 所示。这样，600 的标注就与标签 A 关联上了，600 的字样也会变为 A600（图中①处），使用同样的方法，将 60 的标注与 B 关联（图中②处），将 80 的标注与 C 关联（图中③处），将 150 的标注与 D 关联（图中④处），将 240 的标注与 E 关联（图中⑤处），如图 1.16 所示。

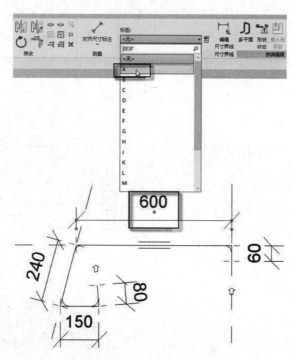

图 1.15　关联标注 A

🔔注意：这个自定义的异形钢筋形状虽然是个固定族，但是必须设置参数（即 A、B、C、D、E……），如果不设置参数，钢筋形状族制作不成功（检查成功与否，后面有专门的介绍），且无法载入项目中。Revit 的族分为两类：一类是参数族（俗称"活"族），即可以通过输入参数来调整图形的大小与位置；另一类是固定族（俗称"死"族），即不用输入参数，族中的图形是固定不变的。

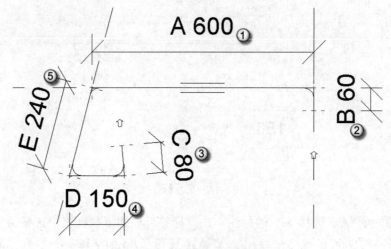

图 1.16　关联标注 BCDE

（7）输入尺寸标注数值。单击"族类型"按钮，在弹出的"钢筋形状参数"对话框中的"尺寸标注"栏中，将 A 的值输入 600（这个数值与标注标注对应）（图中①处），将 B 的值输入 60（这个数值与标注标注对应）（图中②处），将 C 的值输入 80（这个数值与标注标注对应）（图中③处），将 D 的值输入 150（这个数值与标注标注对应）（图中④处），将 E 的值输入 240（这个数值与标注标注对应）（图中⑤处），单击"确定"按钮完成操作，如图 1.17 所示。

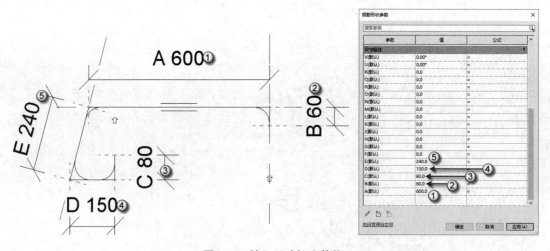

图 1.17　输入尺寸标注数值

注意：Revit 的"钢筋形状参数"对话框中的尺寸标注无法自动从图形中获取，而需要手动输入。此处如果不输入相应尺寸标注的数值，钢筋形状族的制作不会成功（检查成功与否，后文有专门的介绍），且无法载入项目中。

（8）另存文件。在"族编辑器"栏中的"形状状态"按钮（图中
①处）为虚显状态，且"载入到项目"按钮（图中②处）为激活状态，
则表示自定义的钢筋形状族制作成功，如图 1.18 所示。选择"文件"
|"另存为"|"族"命令，在弹出的"另存为"对话框中输入文件名
"54"，单击"保存"按钮，如图 1.19 所示。这个 54.rfa 族文件在后面
的实例学习中还会用到，请注意保存的路径，同时，这个文件在配套资源中也会提供。

图 1.18 制作成功

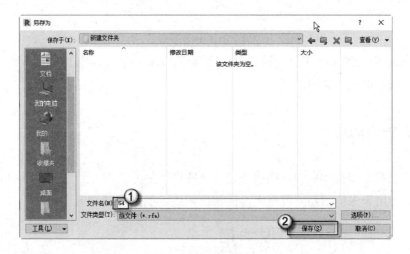

图 1.19 另存文件

🔔注意：也可以直接将制作好的 54.rfa 钢筋形状族文件复制到 "C:\ProgramData\Autodesk\
RVT 2020\Libraries\China\结构\钢筋形状" 目录下（这个目录是 Revit 默认的存放
钢筋形状族的目录），如图 1.20 所示。这样，调用起来会更加方便。

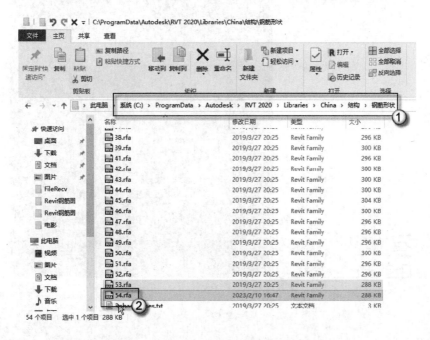

图 1.20 存放的目录

如果"自定义钢筋形状"不能满足绘制异形钢筋的要求，就要使用"绘制钢筋"命令。"绘制钢筋"是一个在"结构钢筋"命令下的子命令。选择需要配筋的混凝土构件对象，使用"结构钢筋"命令，然后单击"绘制钢筋"按钮✍进行绘制。这个方法在后面的实例中会有详细介绍。

1.2 保 护 层

Revit 制作钢筋的第一步就是设置保护层厚度。此处设置了本书实例中所有构件的保护层厚度，后面可以直接调用。

1.2.1 保护层的概念

在钢筋混凝土结构体系中，钢筋外边缘（图中①处）至构件外边界（图中②处）这个范围，材料为用于保护钢筋的混凝土，简称保护层，如图 1.21 所示。

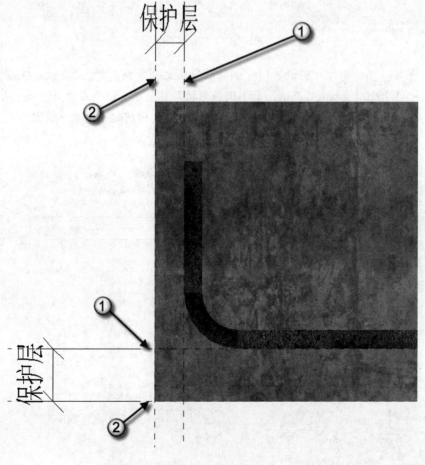

图 1.21 保护层

混凝土保护层厚度越大，构件的受力钢筋粘结锚固性能、耐久性和防火性能越好。但是，过大的保护层厚度会使构件受力后产生的裂缝宽度过大，进而影响其使用性能（如破坏构件表面的装修层或出现混凝土裂纹），过大的保护层厚度也会造成经济上的浪费。因此，在《混凝土结构设计规范》中，规定设计使用年限为 50 年的混凝土结构保护层厚度的最小取值应符合表 1.2 的规定。

表 1.2　保护层厚度的最小厚度（单位：mm）

环境类型等级	结 构 构 件	
	板、墙、壳	梁、柱
一	15	20
二a	20	25
二b	25	35
三a	30	40
三b	40	50

表 1.2 中的混凝土环境类型等级条件参看表 1.3 中的相关介绍。

表 1.3　混凝土环境类型等级条件

环境类型等级	条 件
一	室内干燥环境，永久的无侵蚀性静水浸没环境
二a	室内潮湿环境，非严寒和非寒冷地区的露天环境；非严寒和非寒冷地区与无侵蚀性的水或土直接接触的环境；寒冷和寒冷地区的冰冻线以下与无侵蚀性的水或土直接接触的环境
二b	干湿交替环境；水位频繁变动区环境；严寒和寒冷地区的露天环境；寒冷和寒冷地区冰冻线以上与无侵蚀性的水或土直接接触的环境
三a	严寒和寒冷地区冬季水位变动区环境；受除冰盐影响环境；海风环境
三b	盐渍土环境；受除冰盐作用环境；海岸环境

1.2.2　在 Revit 中设置保护层

本小节介绍如何在 Revit 中一次性设置好本书要用到的所有构件的保护层，以便在后面的操作中可以直接调用。这些保护层的厚度参见表 1.4 中的数值。

表 1.4　本书要用到的所有构件的保护层厚度（单位：mm）

构 件	位 置		
	侧 面	底 部	顶 部
梁	20	25	25
板	20	25	25
柱	25	30	30
墙	15	20	20
基础	20	25	25
其他	20	25	25

（1）选择样板。启动 Revit 后，单击"新建"按钮，在弹出的"新建项目"对话框中的"样板文件"下拉列表中选择"结构样板"选项，然后单击"确定"按钮，如图 1.22 所示。由于设置保护层和布置钢筋属于结构专业的操作，因此需要选择"结构样板"。

（2）删除系统自带的保护层厚度。选择"结构"|"操作层"命令，单击"钢筋保护层设置"按钮，在弹出的"钢筋保护层设置"对话框中删除系统自带的所有保护层厚度，如图 1.23 所示。

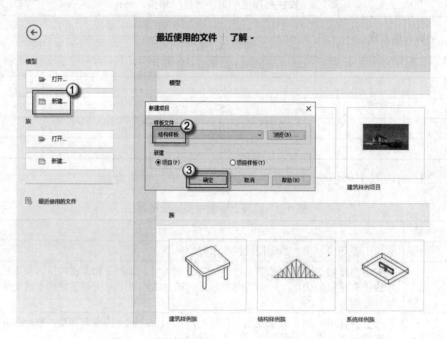

图 1.22　结构样板

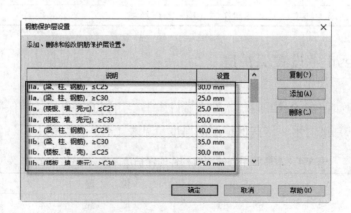

图 1.23　设置钢筋保护层

注意：Revit 自带一系列保护层的厚度，但是这些厚度不符合我国的国情，因此要将其全部删除，再输入相应的保护层厚度。

（3）添加保护层厚度。在"钢筋保护层设置"对话框中单击"添加"按钮，根据表 1.4

的内容，一项一项地输入各个构件的各个位置的保护层厚度，如图 1.24 所示。

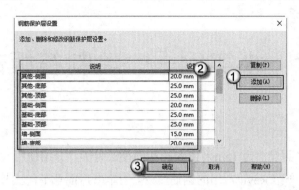

图 1.24 添加保护层厚度

（4）另存文件。选择"文件"|"另存为"|"项目"命令，在弹出的"另存为"对话框中的"文件名"栏中输入"框剪结构-保护层"字样，单击"保存"按钮完成操作，如图 1.25 所示。这个文件是项目文件，其后缀名为 RVT。这个文件在后面会用到，可以调用也可以在配套资源中下载。

注意：除样板文件外，Revit 的文件分为项目文件（后缀名为 RVT）和族文件（后缀名为 RFA）。本章介绍了这两类文件，读者不要搞混淆。Revit 的项目文件由一个个族组成。就本书中这个框剪结构的项目而言，由基础族、柱族、墙族、梁族、板族、钢筋族和标注族（注释族）等组成。关于族的详细内容，可以参见笔者编写的其他 Revit 书籍。

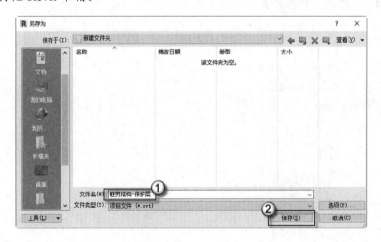

图 1.25 另存文件

按照实战的要求，下一步绘制混凝土构件。由于本书的侧重点为钢筋，且篇幅有限，这里不讲解如何绘制结构专业的混凝土构件。在 Revit 中绘制混凝土构件的详细方法，请读者参见笔者编写的其他的 Revit 著作。在"框剪结构-保护层.RVT"项目文件中绘制完混凝土构件，然后另存为"框剪结构-混凝土完成"文件，后缀名为 RVT，这个文件配套资源中会提供，在第 3 章中会用到。

第 2 章　小实例——绘制筏板的钢筋

本章将以一个平面尺寸为 15m×18m 的基础筏板为例，介绍使用 Revit 布置钢筋的一般步骤，并以基于该例介绍 Revit 常用的钢筋命令，为本书后面章节的实战操作学习打下基础。

2.1　准 备 工 作

本节介绍绘制钢筋前的一些准备工作，如设置标高与轴网、指定保护层厚度、设置剖面视图等。

2.1.1　分析图纸

这个小实例的平面图如图 2.1 所示，剖面图如图 2.2 所示（剖切符号在平面图中），钢筋连接图如图 2.3 所示，具体配筋见表 2.1。

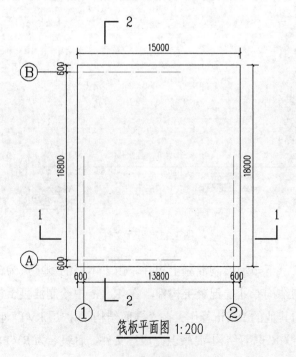

筏板平面图 1:200

图 2.1　筏板平面图

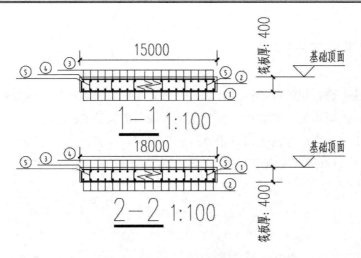

图 2.2 筏板剖面图

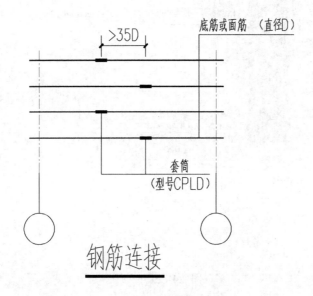

图 2.3 筏板钢筋连接图

表 2.1 配筋表

编 号	钢 筋 名 称	配 筋	弯钩长度/mm
①	平行于数字轴的底筋	Φ28@1000	250
②	平行于字母轴的底筋	Φ25@1000	250
③	平行于数字轴的面筋	Φ22@1000	/
④	平行于字母轴的面筋	Φ20@1000	/
⑤	拉筋	Φ20@500	/

从上面的图表可以看出：筏板的尺寸是 18000×15000×400mm；共 4 个轴号：数字是
1 与 2，字母是 A 与 B；一个标高——基础顶面（图中没有标注，可自定为-1.000）；钢筋
采用套筒连接，错位 35D，D 为钢筋直径。

2.1.2　设置标高与轴网

在使用 Revit 进行建筑与结构设计时，一般先建标高再建轴网，因为要考虑"影响范围"因素。这一内容不是本书重点，可参见笔者编写的其他 Revit 图书。

（1）打开文件。启动 Revit 后单击"打开"按钮，在弹出的"打开"对话框中选择上一章制作好的"框剪结构-保护层"RVT 文件，单击"打开"按钮打开这个文件，如图 2.4 所示。

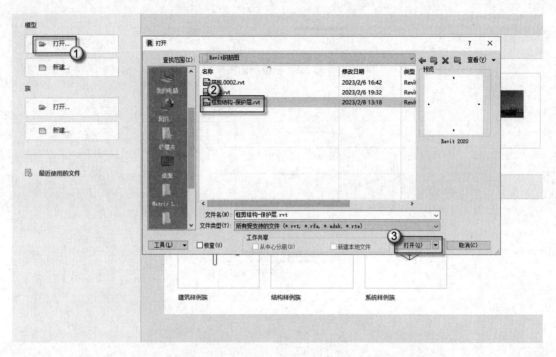

图 2.4　打开文件

🔔注意：这个 RVT 文件设置好了保护层厚度，此处可以直接调用。

（2）删除多余的视图。在"项目浏览器"面板中删除"场地""标高 1-分析""标高 2-分析""分析模型"这 4 个多余的视图，如图 2.5 所示。

（3）设置"基础顶面"标高。在"项目浏览器"面板中进入"南"立面，按 LL 快捷键发出"标高"命令。在"标高 1"下侧绘制出一个新的标高（图中②处），重命名标高的名称为"基础顶面"，如图 2.6 所示。按 Enter 键结束操作，弹出"确认标高重命名"对话框，单击"是"按钮，如图 2.7 所示。修改"基础顶面"标高的数值为-1.000，如图 2.8 所示。

图 2.5　删除多余的视图

图 2.6　绘制新标高

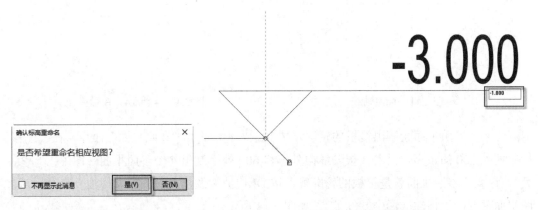

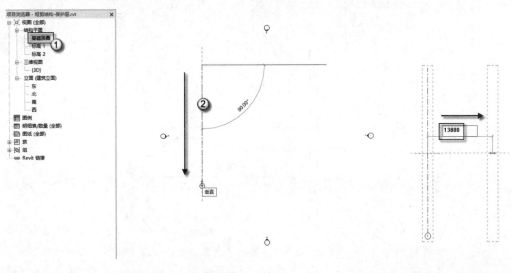

图 2.7　确认标高重命名　　　　　　　　　图 2.8　修改标高数值

（4）绘制轴网。进入"基础顶面"结构平面视频，按 GR 快捷键发出"轴网"命令，从上至下垂直绘制一根轴线，如图 2.9 所示。这根轴线是 1 轴，选择 1 轴，按 CO 快捷键发出"复制"命令，向右移动光标，输入 13800 距离，如图 2.10 所示。按 Enter 键后会生成另一根轴线：2 轴。按 DI 快捷键发出"对齐尺寸标注"命令，在 1-2 轴间进行标注，如图 2.11 所示。使用同样的方法绘制出 A、B 两轴线，并进行标注，如图 2.12 所示。

图 2.9　绘制 1 轴　　　　　　　　　　图 2.10　复制轴线

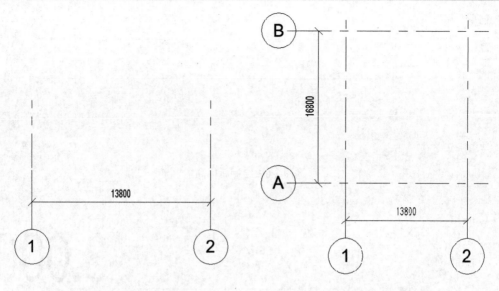

图 2.11　标注轴线　　　　　　　　　图 2.12　绘制 A、B 轴线

（5）用参照平面绘制出筏板的轮廓。按 RP 快捷键发出"参照平面"命令，在"偏移"栏中输入 600 的距离，沿着 4 根轴线向外偏移 600 处绘制出 4 个参照平面（图中①②③④处），这 4 个参照平面就是筏板的轮廓线，按 DI 快捷键发出"对齐尺寸标注"命令，对参照平面进行两次标注（图中⑤⑥处），如图 2.13 所示。

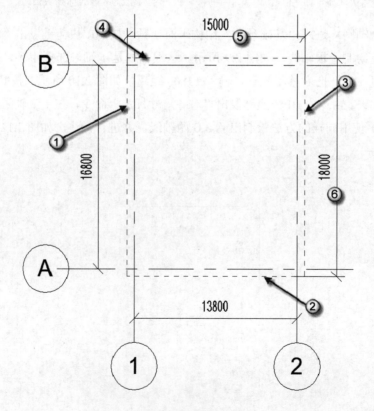

图 2.13　绘制参照平面

2.1.3 绘制筏板（混凝土构件）

本小节中绘制的筏板只是混凝土构件，必须要有这个混凝土构件，后面才能布置钢筋构件。Revit 的钢筋是紧密依附于混凝土构件的。

（1）绘制轮廓。选择"结构"|"板"|"结构基础：楼板"命令，进入"√|×"选项板，选择"矩形"模式，用对角两个点绘制筏板的边界线，如图 2.14 所示。

🔔注意："√|×"选项板的特点是界面中有"√"与"×"两个按钮，如图 2.15 所示，并且所有图元会淡显。要退出"√|×"选项板，要么单击"√"按钮，要么单击"×"按钮。

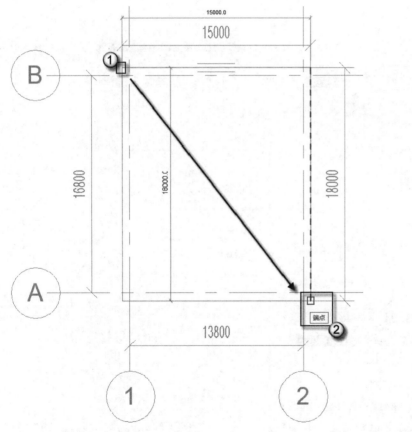

图 2.14　绘制筏板的轮廓

图 2.15　两个按钮

（2）编辑类型。在"属性"面板中去掉"启用分析模型"复选框的勾选（"分析模型"功能会在三维显示时影响对钢筋的选择），单击"编辑类型"按钮，在弹出的"类型属性"对话框中单击"复制"按钮，在弹出的"名称"对话框中输入"400 厚基础筏板"字样，单击"确定"按钮，如图 2.16 所示。

（3）设置筏板厚度。单击"编辑"按钮，在弹出的"编辑部件"对话框中设置"结构

[1]"的厚度为 400,单击"确定"按钮,再单击"确定"按钮,如图 2.17 所示。

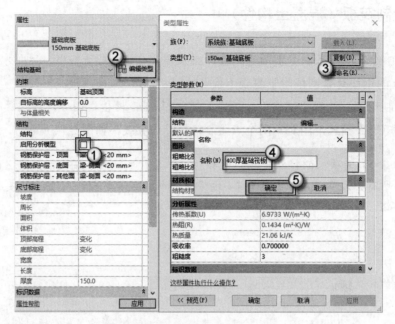

图 2.16　编辑类型

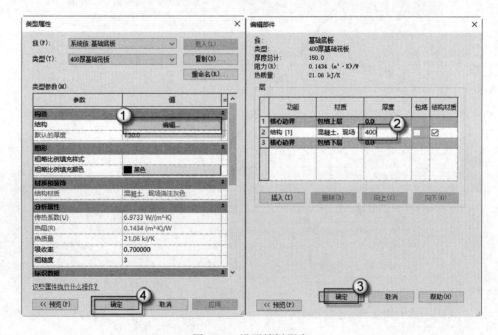

图 2.17　设置筏板厚度

（4）检查模型。单击"√"按钮,退出" √|×"选项板。选择跨方向符号,按 Delete 键将其删除,如图 2.18 所示。进入三维视图,设置视觉样式为"真实",检查模型,如图 2.19 所示。

注意：跨方向符号是国外标注楼板的符号，我国不采用这种符号标注。而且跨方向符号还会影响到后期对钢筋的选择，所以要删除。

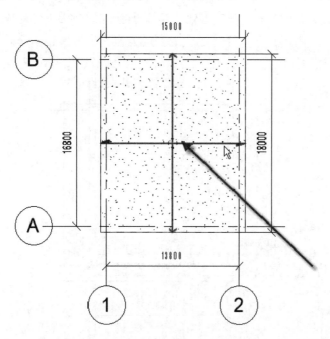

图 2.18　删除跨方向符号

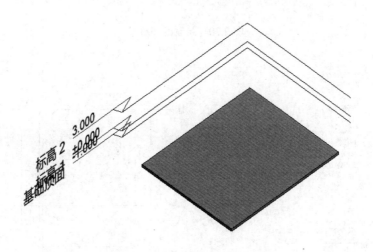

图 2.19　在三维视图中进行检查

2.1.4　设置剖面视图

此处要设置两个剖面视图：1-1 剖与字母轴平行，2-2 剖与数字轴平行。

（1）新建 1-1 剖面视图。进入"基础顶面"结构平面视图，选择"视图"|"剖面"命

令，用两点（①→②）的方式绘制剖切符号，如图 2.20 所示。选择"剖面 1"视图名称，按 F2 键，对其进行重命名，如图 2.21 所示。将其视图名改为"1-1 剖（平行于字母轴）"，如图 2.22 所示。注意，视图名称（图中①处）与剖切符号名称（图中②③处）皆是"1-1 剖（平行于字母轴）"。

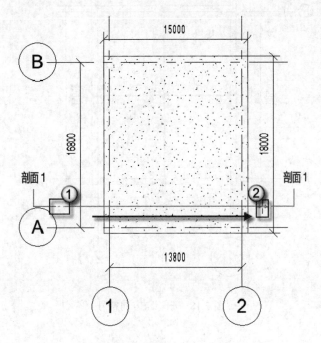

图 2.20　绘制剖切符号

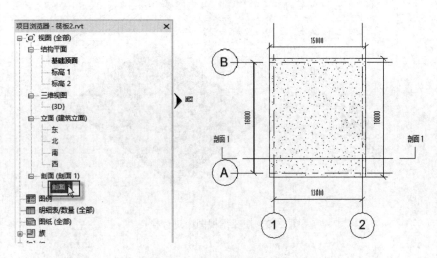

图 2.21　修改剖面视图名称

（2）设置剖视范围。选择剖切线（图中①处），将剖切范围线垂直拖至筏板外（图中②处），如图 2.23 所示。这样操作可以扩大剖视图的观看范围，以便能看到更远的内容。否则，远处的钢筋在剖视图中不能显示。

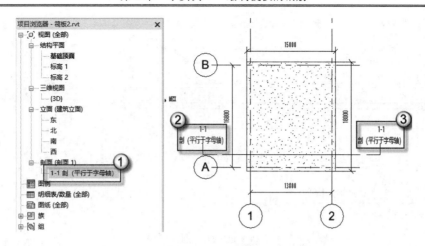

图 2.22　视图名称

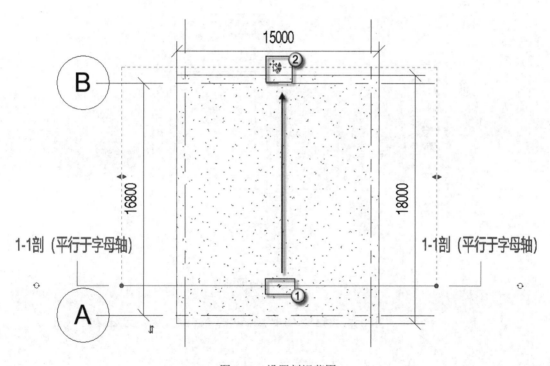

图 2.23　设置剖视范围

（3）进入 1-1 剖面视图。进入"1-1 剖（平行于字母轴）"视图，设置"详细程度"为"精细"，按 DI 快捷键发出"对齐尺寸标注"命令，对筏板的轮廓（图中①②处）进行标注（图中③处），如图 2.24 所示。

（4）新建 2-2 剖面视图。使用同样的方法，新建"2-2 剖（平行于数字轴）"视图，如图 2.25 所示。

（5）进入 2-2 剖面视图。进入"2-2 剖（平行于数字轴）"视图，设置"详细程度"为"精细"，按 DI 快捷键发出"对齐尺寸标注"命令，对筏板的轮廓（图中①②处）进行标注（图中③处），如图 2.26 所示。

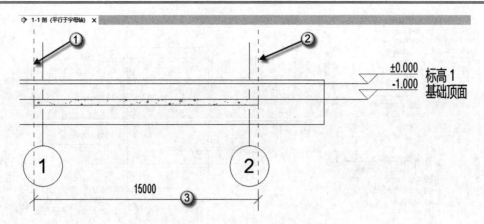

图 2.24 进入 1-1 剖面视图

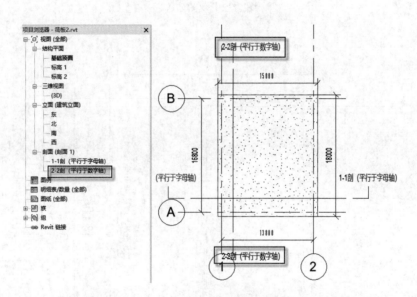

图 2.25 新建 2-2 剖面视图

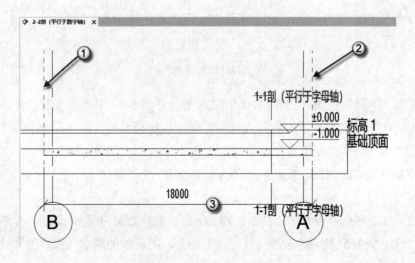

图 2.26 进入 2-2 剖面视图

2.2　绘　制　钢　筋

板配筋主要包括底筋与面筋。底筋承受正弯矩，是板的主筋，布置在板的底部。面筋承受负弯矩，布置在板的顶部，作用是防止板面出现收缩裂缝或温度裂缝。

本节不仅介绍新建钢筋的一般方法，而且讲解几个小技巧，如移出去再移回来、创建模型组、命名等，这些小技巧有助于快速绘图。

2.2.1　设置保护层

这里打开的这个 RVT 文件是设置过保护层厚度的，只需直接调用即可。

（1）发出命令。进入 3D 三维视图，选择"结构"|"保护层"命令，单击"拾取面"按钮，如图 2.27 所示。选择顶面，在"保护层设置"下拉列表中选择"基础-顶部<25mm>"选项，如图 2.28 所示。这样就把筏板顶部的保护层厚度设置为 25mm 了。

注意：选择图元设置保护层有两个选项，即拾取面与拾取图元。如果选择"拾取图元"选项，则整个图元（顶部、侧面、底部）皆是一种保护层厚度，这与实际不相符。而选择"拾取面"选项则可以对不同部位设置不同的保护层厚度。

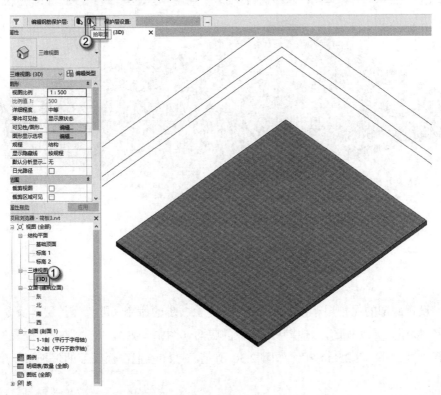

图 2.27　发出命令

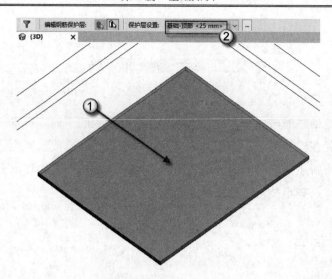

图 2.28　顶部的保护层设置

（2）设置侧面的保护层。按 Enter 键，重复上一步命令（即"保护层"命令），单击"拾取面"按钮，转动视图，按住 Ctrl 键不放，选择基础筏板的 4 个侧面（图中①②③④处），在"保护层设置"下拉列表中选择"基础-侧面<20mm>"，如图 2.29 所示。这样就把筏板侧面的保护层厚度设置为 20mm 了。

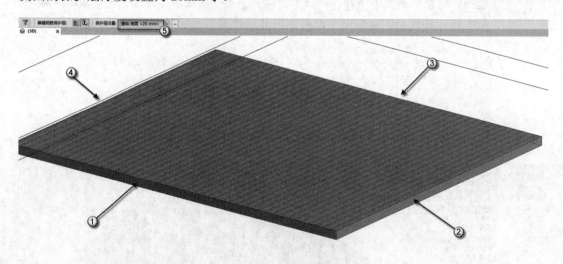

图 2.29　侧面的保护层设置

（3）设置底部的保护层。按 Enter 键，重复上一步的命令（即"保护层"命令），单击"拾取面"按钮，转动视图，选择基础筏板的底面（图中①处），在"保护层设置"下拉列表中选择"基础-底部<25mm>"，如图 2.30 所示。这样就把筏板底部的保护层厚度设置为25mm 了。

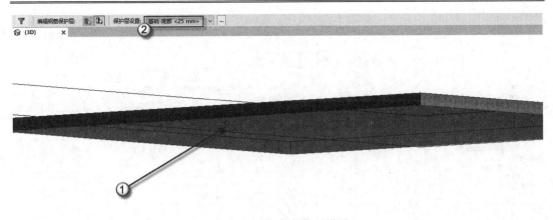

图 2.30 底部的保护层设置

按 Esc 键退出"保护层"命令。保护层设置正确与否,只有在新建钢筋时才能看到,所以执行这个命令时一定要仔细。

2.2.2 绘制底筋

本例有两种底筋,即平行于数字轴与平行于字母轴底筋,皆带弯钩。在本小节中,将介绍使用两种不同的方法分别绘制这两种底筋。

在现场施工时,一般情况下,一根钢筋的长度为 9m,而本例的筏板(长宽尺寸)为 15m×18m,所以必须要进行钢筋搭接,采用套筒连接相邻两根钢筋。搭接的部位要错位 35 倍的钢筋直径(35D),平行于字母轴的底筋(边界尺寸 15m)采用两根钢筋(6m+9m)搭接,如图 2.31 所示。平行于数字轴的底筋(边界尺寸为 18m)采用三根钢筋(9m+6m+3m)相邻两根搭接,如图 2.32 所示。

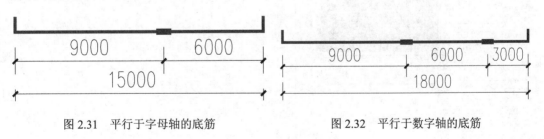

图 2.31 平行于字母轴的底筋   图 2.32 平行于数字轴的底筋

1. 平行于字母轴的底筋

(1)发出命令。进入"1-1 剖(平行于字母轴)"视图,选择筏板图元,按 GJ 快捷键发出"结构钢筋"命令,在弹出的 Revit 对话框中单击"确定"按钮,如图 2.33 所示。

💭注意:一定要先选择需要配筋的混凝土构件,再发出"结构钢筋"命令。不选择图元,
       直接发出"结构钢筋"命令,不能进行操作。

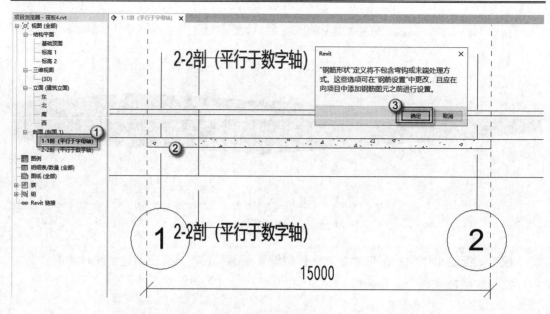

图 2.33　发出命令

（2）放置钢筋。在"属性"面板中选择"钢筋 25 HRB400"类型（图中①处），在"钢筋形状浏览器"中选择"钢筋形状：01"（图中②处），当光标移动到筏板上时会出现钢筋（图中③处），如果此时新建钢筋的方向不对，可以按空格键进行调整（按一次空格键，转一次方向），如果方向还不对，则需要设置"放置平面"或"放置方向"，向下移动钢筋，尽量让钢筋底边对齐钢筋保护层底边线（图中④处），如图 2.34 所示。

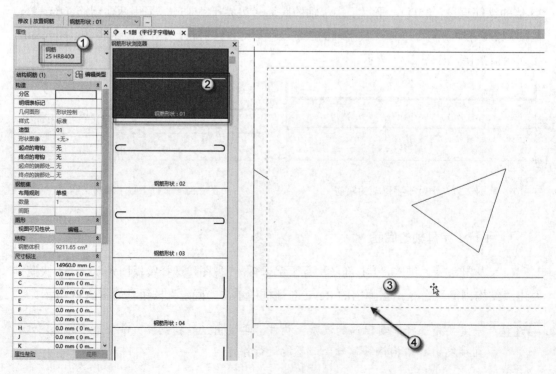

图 2.34　放置钢筋

注意："放置平面"或"放置方向"各有 3 个选项，如
　　　图 2.35 所示。该内容在第 1 章中已经介绍过。

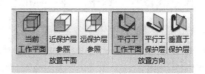

（3）设置钢筋长度。选择已经放置好的钢筋（图中
①处），在"属性"面板中的"尺寸标注"栏中设置 A 的
数值为 9000mm（图中②处），如图 2.36 所示。

图 2.35　放置平面与放置方向

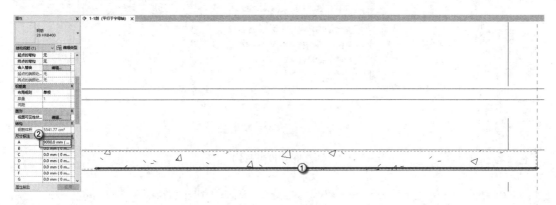

图 2.36　设置钢筋长度

（4）复制钢筋。选择 9000mm 长的钢筋（图中①处），按 CO 快捷键发出"复制"命令，
向左水平复制出一根新的钢筋（图中②处）。选择这根新钢筋，在"属性"面板中的"尺寸
标注"栏中设置 A 的数值为 6000mm（图中③处），单击"应用"按钮，如图 2.37 所示。

（5）设置弯钩。选择 9000mm 长的钢筋（图中①处），在"属性"面板中将"起点的
弯钩"设置为"标准-90 度"选项。可以观察到，这根钢筋的一个端点已经出现了弯钩（图
中③处），但是弯钩的长度与图纸不符，需要重新设置弯钩长度。单击"编辑类型"按钮，
在弹出的"类型属性"对话框中单击"弯钩长度"旁边的"编辑"按钮，在弹出的"钢筋
弯钩长度"对话框中取消"标准-90 度"旁的"自动计算"复选框的勾选，在"弯钩长度"
栏中输入 250mm，两次单击"确定"按钮，如图 2.38 所示。这样就完成了对 9000mm 长
的钢筋设置弯钩。使用同样的方法对 6000mm 长的钢筋设置弯钩。

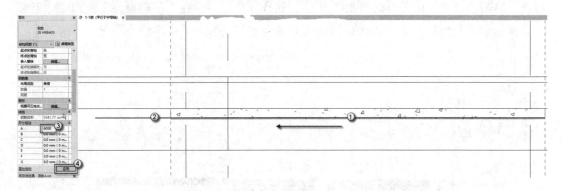

图 2.37　复制钢筋

（6）钢筋连接。选择"结构"|"钢筋接头"命令，选择"放置在两根钢筋之间"选项，

在"属性"面板中选择"标准接头 CPL25"类型（图中①处），依次选择两根钢筋（图中②③处），会自动生成一个钢筋接头（图中④处），如图 2.39 所示。

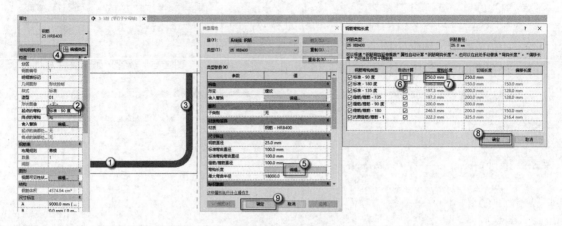

图 2.38　设置弯钩

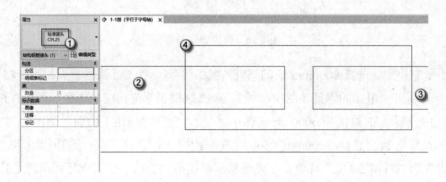

图 2.39　钢筋连接

（7）设置视图可见性状态。按住 Ctrl 键不放，依次选择两根钢筋（图中①②处）和钢筋接头（图中③处），在"属性"面板中单击"视图可见性状态"旁边的"编辑"按钮，在弹出的"钢筋图元视图可见性状态"对话框中勾选"基础顶面"视图的"清晰的视图"复选框，单击"确定"按钮，如图 2.40 所示。这样操作之后，在"基础顶面"视图中才能看到这两根钢筋与钢筋接头，其余视图的可见性在本章最后一节中再统一设置。

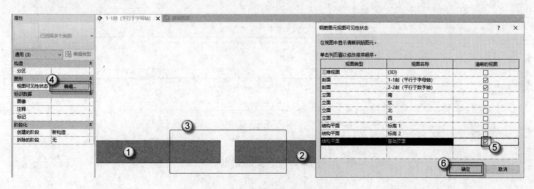

图 2.40　设置视图的可见性状态

（8）移动钢筋。进入"基础顶面"结构平面视图，可以观察到两根钢筋（图中①②处）和钢筋接头（图中③处）在垂直投影方向与"1-1 剖（平行于字母轴）"的剖切线（图中④处）重合，如图 2.41 所示。为了便于后面的操作，需要将其移开。按住 Ctrl 键不放，依次选择两根钢筋（图中①②处）和钢筋接头（图中③处），按 MV 快捷键发出"移动"命令，将这 3 个图元向上垂直移动，接近筏板上部的边界线时（图中④处）要放大视图，缓慢移动光标，尽量将钢筋的上部边界与筏板这一侧的保护层边界线对齐（图中⑤处），如图 2.42 所示。

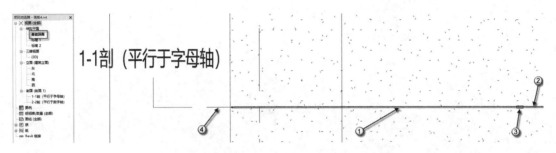

图 2.41　钢筋图元与剖切线重合

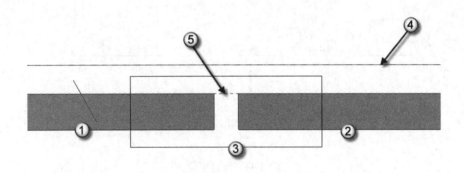

图 2.42　移动钢筋

（9）复制钢筋。保证两根钢筋（图中①②处）和钢筋接头（图中③处）被选上，按 CO 快捷键发出"复制"命令，向下垂直复制，输入复制距离 1000（钢筋的间距为 1000），如图 2.43 所示。按 Enter 键完成操作，可以观察到两个接头并没有错位，如图 2.44 所示。

（10）设置镜像钢筋。按住 Ctrl 键不放，依次选择两根钢筋（图中①②处）和钢筋接头（图中③处），按 DM 快捷键发出"镜像-绘制轴"命令，取消"复制"复选框的勾选，以筏板上边界线中部为镜像轴第一点（图中④处），镜像轴第二点为垂直向上的任意点，用两点的方式指定镜像轴，如图 2.45 所示。完成之后可以观察到两个钢筋接头错位了 3026mm，如图 2.46 所示。

🔖注意：镜像的目的是能让钢筋接头错位。图纸的要求是错位大于 35D（D 为钢筋直径），即 35 × 25mm=875mm。此处 3026mm>875mm，满足要求。

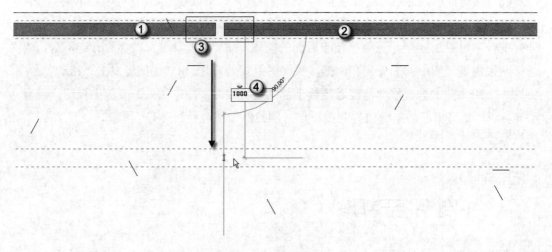

图 2.43 复制钢筋

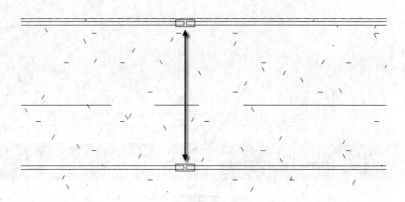

图 2.44 没有错位

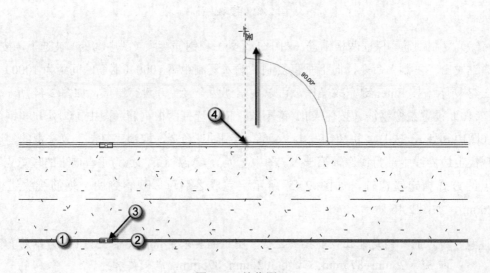

图 2.45 镜像图元

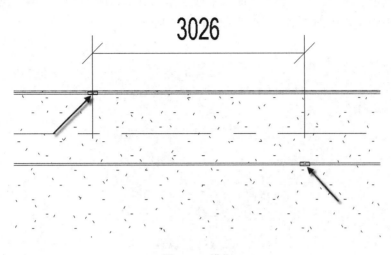

图 2.46 错位

（11）创建模型组。按住 Ctrl 键不放，依次选择 4 根钢筋（图中①②③④处）和 2 个钢筋接头（图中⑤⑥处），按 GP 快捷键发出"创建组"命令，在弹出的"创建模型组"对话框中的"名称"栏中输入"水平在下"字样，单击"确定"按钮，如图 2.47 所示。如果不确定自己的选择是否正确，可以单击"过滤器"按钮，在弹出的"过滤器"对话框中可以观察到选择集中有 4 根钢筋（图中①处）和 2 个接头（图中②处），共计 6 个图元（图中③处），如图 2.48 所示。这种使用"过滤器"命令判断选择正确与否的方法在后面会频繁使用到，请读者注意。

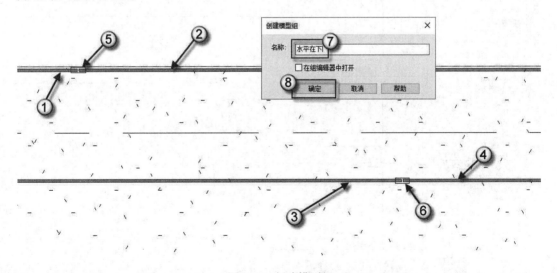

图 2.47 创建模型组

2. 平行于数字轴的底筋

（1）发出命令。进入"2-2 剖（平行于数字轴）"视图，选择筏板图元，按 GJ 快捷键发出"结构钢筋"命令，在"属性"面板中选择"钢筋 28 HRB400"类型，在"钢筋形状浏览器"面板中选择"钢筋形状：09"，如图 2.49 所示。

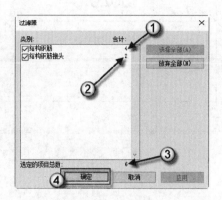

图 2.48　过滤器

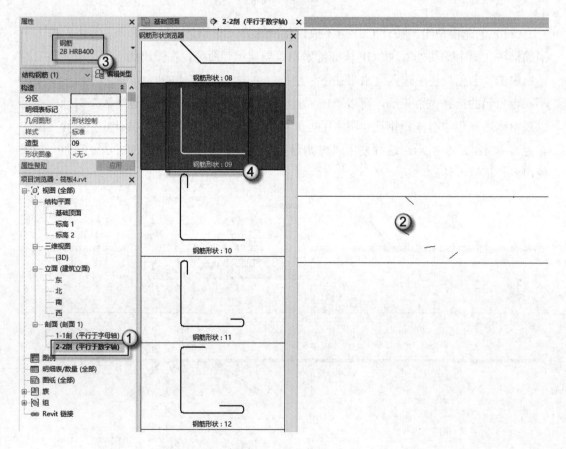

图 2.49　发出命令

（2）放置钢筋。这种 09 号钢筋一端带有弯钩，放置后要保证其通长部分（图中①处）在平行于字母轴底筋通长部分（图中③处，因观看方向在这个视图中显示为一黑点）的上面，其弯钩部分（图中②处）在平行于字母轴底筋的弯钩（图中④处）的右侧，新建的钢筋通长部分（图中①处）的长度是尺寸标注 B（图中⑥处），其弯钩部分（图中②处）的长度是尺寸标注 A（图中⑤处），如图 2.50 所示。A 和 B 两个尺寸标注的数值显然不对，需要重新输入。

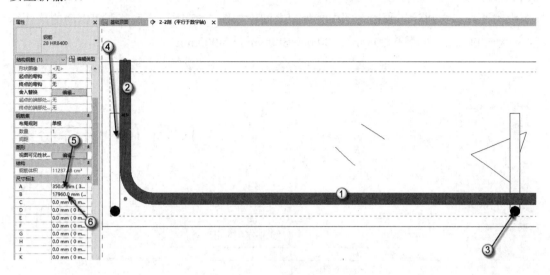

图 2.50　放置钢筋

（3）镜像钢筋。选择新建的钢筋（图中①处），在"尺寸标注"栏中输入 A 的数值为 250mm，B 的数值为 8750mm（图中②处），得 250mm+8750mm=9000mm（一根整钢筋的长度），按 DM 快捷键发出"镜像-绘制轴"命令，勾选"复制"复选框，以筏板上边界线中点为镜像轴的第一点（图中③处），并以下边界线中点为镜像轴的第二点（图中④处），用两点方式指定镜像轴，如图 2.51 所示。

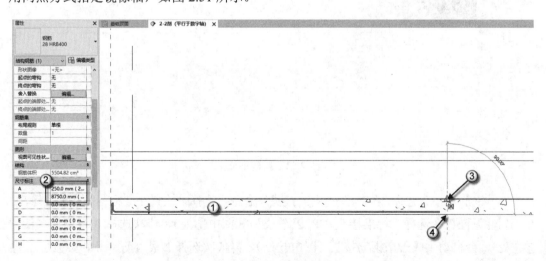

图 2.51　镜像钢筋

（4）修改尺寸标注。选择镜像复制的钢筋（图中①处），在"尺寸标注"栏中输入 B 的数值为 2750mm（图中②处），可得 250mm+2750mm=3000mm，如图 2.52 所示。

（5）新建 6000mm 长的钢筋。选择筏板图元（图中①处），按 GJ 快捷键发出"结构钢筋"命令，在"属性"面板中选择"钢筋 28 HRB400"类型（图中②处），在"钢筋形状浏览器"面板中选择"钢筋形状：01"（图中③处），将新建的钢筋放置在 9000mm 钢筋（图中④处）和 3000mm 钢筋（图中⑤处）之间，如图 2.53 所示。调整新建钢筋的尺寸标注 A 为 6000mm，可得 9000mm+6000mm+3000mm=18000mm。

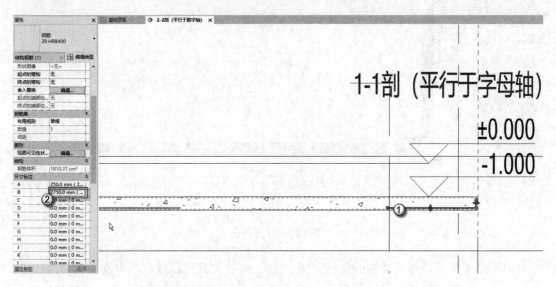

图 2.52　修改尺寸标注

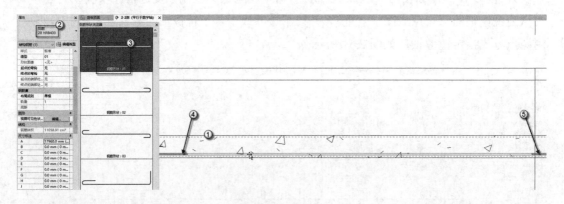

图 2.53　新建钢筋

（6）钢筋连接。选择"结构"|"钢筋接头"命令，选择"放置在 2 根钢筋之间"选项，在"属性"面板中选择"标准接头 CPL28"类型（图中①处），依次选择 2 根钢筋（图中②③处），会自动生成一个钢筋接头（图中⑤处），再依次选择 2 根钢筋（图中③④处），会自动再生成一个钢筋接头（图中⑥处），如图 2.54 所示。此处为 3 根钢筋进行连接，所以会有 2 个钢筋接头。

（7）设置视图可见性状态。按住 Ctrl 键不放，依次选择 3 根钢筋（图中①②③处）和 2 个钢筋接头（图中④⑤处），在"属性"面板中，单击"视图可见性状态"旁边的"编辑"按钮，在弹出的"钢筋图元视图可见性状态"对话框中勾选"基础顶面"视图的"清晰的视图"复选框，单击"确定"按钮，如图 2.55 所示。这样操作之后，在"基础顶面"视图中才能看到这 3 根钢筋与 2 个钢筋接头，其余视图可见性在本章最后一小节中再统一设置。

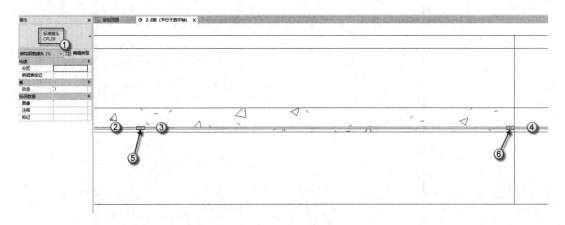

图 2.54　钢筋连接

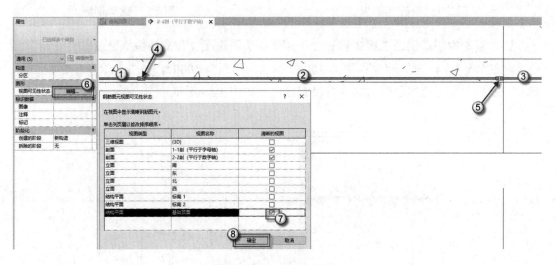

图 2.55　设置视图可见性状态

（8）移动钢筋。进入"基础顶面"结构平面视图，可以观察到钢筋和钢筋接头在垂直投影方向与"2-2 剖（平行于数字轴）"的剖切线重合，如图 2.56 所示。为了便于后面的操作，需要将其移开。按住 Ctrl 键不放，依次选择 3 根钢筋和 2 个钢筋接头，按 MV 快捷键发出"移动"命令，将这 5 个图元向右水平移动，接近筏板右侧的边界线时（图中①处）要放大视图，缓慢移动光标，将钢筋的通长部分（图中②处）移动至平行于字母轴底筋通长部分（图中③处，因观看方向，在这个视图中显示为一黑点）的左侧且贴近，如图 2.57 所示。

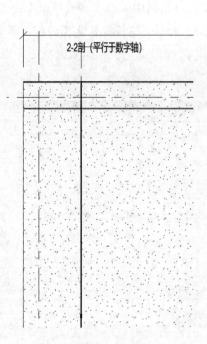

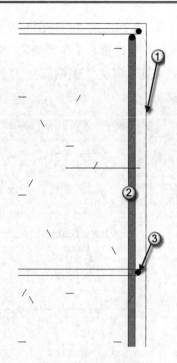

图 2.56 钢筋与剖切线重合   图 2.57 移动钢筋

（9）复制钢筋。保证 3 根钢筋和 2 个钢筋接头被选上，按 CO 快捷键发出"复制"命令，向左水平复制，输入复制距离为 1000（钢筋的间距为 1000），如图 2.58 所示。按 Enter 键完成操作，可以观察到两对接头皆没有错位，如图 2.59 所示。

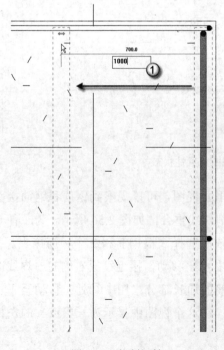

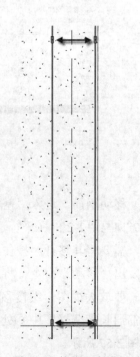

图 2.58 复制钢筋   图 2.59 接头没有错位

（10）设置接头错位。此处钢筋直径为 28mm，错位需要 35×28mm=980mm，取值 1000mm（1000>980）。按 RP 快捷键发出"参照平面"命令，沿着钢筋接头中部绘制出一个参照平面（图中①处），选择这条参照平面，按 CO 快捷键发出"复制"命令，向下复制出另一个参照平面（图中②处），两条参照平面的距离是 1000mm，如图 2.60 所示。按 AL 快捷键发出"对齐"命令，先选择下部这根参照平面（图中①处），再选择钢筋接头的中线（图中②处），如图 2.61 所示。可以观察到钢筋接头（图中①处）与下面的参照平面（图中②处）对齐，而且两个钢筋接头（图中①与③）相距 1000mm（1000mm>35D，满足错位的要求），如图 2.62 所示。下面还有一个钢筋接头需要使用同样的方法进行对齐移动，请读者自己完成，完成之后可以删除不需要的参照平面。

注意：在使用"对齐"命令（快捷键 AL）时，先选择使用对齐命令时不动的图元（即参照位置的图元），再选择对齐移动的图元。

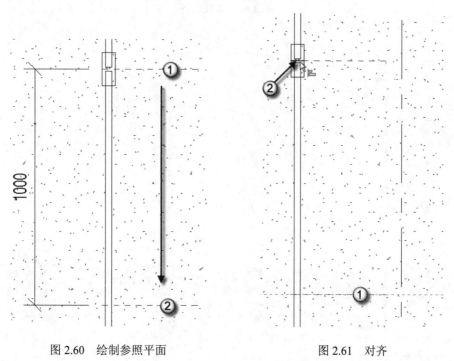

图 2.60　绘制参照平面　　　　　　　　　　图 2.61　对齐

（11）创建模型组。按住 Ctrl 键不放，依次选择 6 根钢筋（图中①②③④⑤⑥处）和 4 个钢筋接头（图中⑦⑧⑨⑩处），按 GP 快捷键发出"创建组"命令，在弹出的"创建模型组"对话框中的"名称"栏中输入"垂直在下"字样，单击"确定"按钮，如图 2.63 所示。如果不确定自己的选择是否正确，可以单击"过滤器"按钮，在弹出的"过滤器"对话框中可以观察到选择集中有 6 根钢筋（图中①处）和 4 个接头（图中②处），共计 10 个图元（图中③处），如图 2.64 所示。这种使用"过滤器"命令判断选择正确与否的方法在后面会频繁使用到，请读者注意。

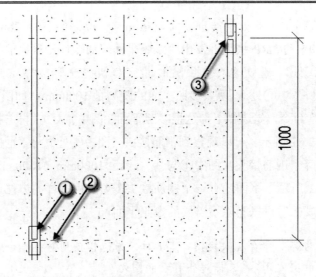

图 2.62　完成对齐

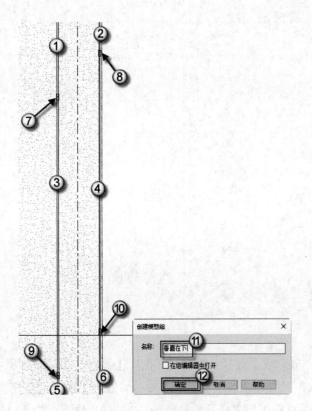

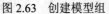

图 2.63　创建模型组

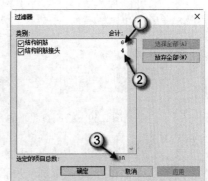

图 2.64　过滤器

🔔注意：本小节前后制作了 2 个模型组，即"水平在上"（图中①处）与"垂直在下"（图中②处），如图 2.65 所示。制作模型组的目的是后面操作时方便复制。"水平"代表"平行于字母轴"，"在下"代表"底筋"，采用这样的命名方式是为了加快作图速度。

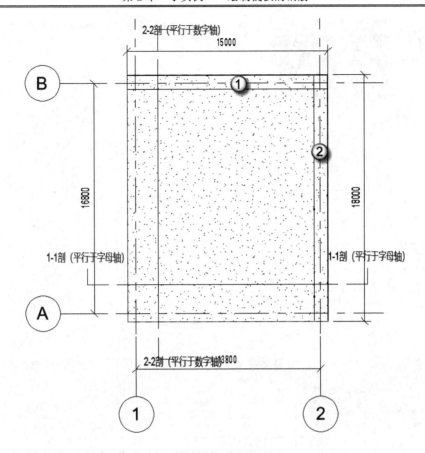

图 2.65   两个模型组

2.2.3   绘制面筋

面筋不带弯钩，平行于字母轴与平行于数字轴的面筋绘制方法相同。本小节只介绍平行于字母轴面筋的绘制，另一侧面筋的绘制请读者自己完成。

（1）发出命令。进入"1-1 剖（平行于字母轴）"视图，选择筏板图元（图中②处），按 GJ 快捷键发出"结构钢筋"命令，在"属性"面板中选择"钢筋 20 HRB400"类型，在"钢筋形状浏览器"面板中选择"钢筋形状：01"选项。将光标移动至筏板上，可以看到钢筋是条形（图中⑤处），如果新建的钢筋不是条形，则按空格键进行切换，向上移动，尽量将钢筋的上边界与上保护层的边界（图中⑥处）对齐，如图 2.66 所示。

（2）调整钢筋长度。选择新建的面筋（图中①处），在"属性"面板的"尺寸标注"栏中修改 A 的值为 9000mm，如图 2.67 所示。

（3）复制钢筋。选择新建的面筋（图中①处），按 CO 快捷键发出"复制"命令，向右水平复制出一根新的面筋（图中②处），在"属性"面板中的"尺寸标注"栏中修改 A 的值为 6000mm，如图 2.68 所示。可得 6000mm+9000mm=15000mm。

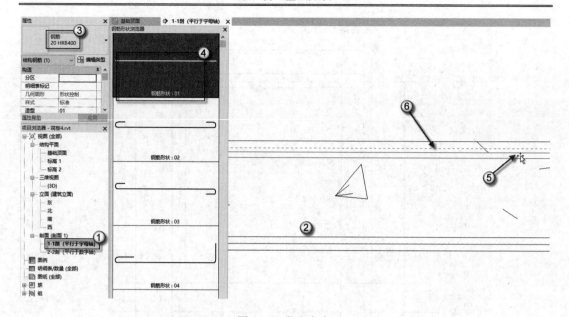

图 2.66　发出命令

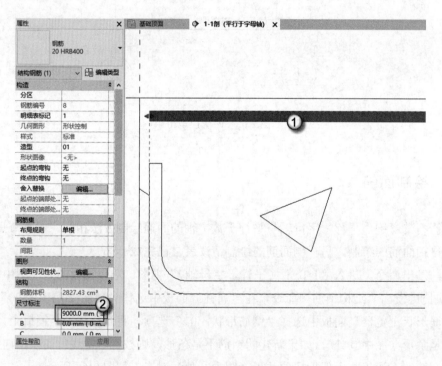

图 2.67　调整钢筋的长度

（4）钢筋连接。选择"结构"|"钢筋接头"命令，选择"放置在两根钢筋之间"选项，在"属性"面板中选择"标准接头 CPL20"类型（图中①处），依次选择两根钢筋（图中②③处），会自动生成一个钢筋接头（图中④处），如图 2.69 所示。

（5）设置视图可见性状态。按住 Ctrl 键不放，依次选择两根钢筋（图中①②处）和钢筋接头（图中③处），在"属性"面板中单击"视图可见性状态"旁边的"编辑"按钮，在弹出的"钢筋图元视图可见性状态"对话框中勾选"基础顶面"视图的"清晰的视图"复选框，单击"确定"按钮，如图 2.70 所示。这样操作之后，在"基础顶面"视图中才能看到这两根钢筋与钢筋接头，其余视图可见性在本章的最后一小节中再统一设置。

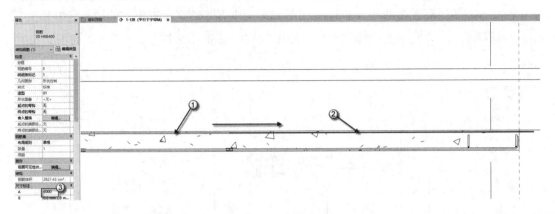

图 2.68　复制钢筋

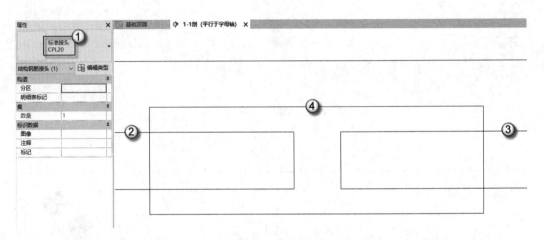

图 2.69　钢筋连接

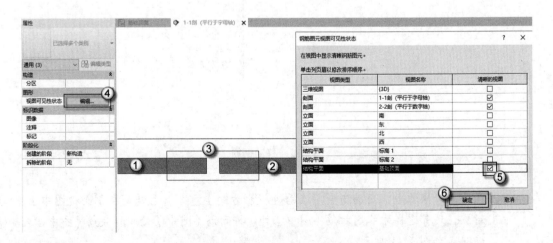

图 2.70　设置视图的可见性状态

（6）移动钢筋。进入"基础顶面"结构平面视图，可以观察到钢筋（图中②处）在垂直投影方向与"1-1 剖（平行于字母轴）"的剖切线（图中③处）重合，如图 2.71 所示。为了便于后面的操作，需要将其移开。按住 Ctrl 键不放，依次选择两根钢筋和钢筋接头，按 MV 快捷键发出"移动"命令，将这 3 个图元向上垂直移动，接近上部的边界线要放大视图，缓慢移动光标，将这 3 个图元与前一小节绘制的底筋（图中①处）重合，如图 2.72 所示。

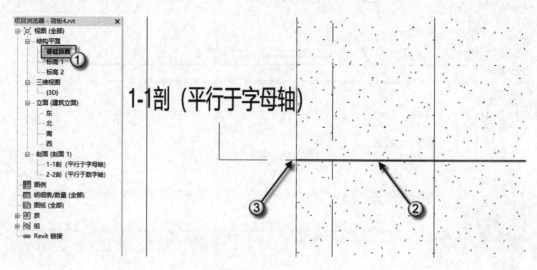

图 2.71　钢筋与剖切线重合

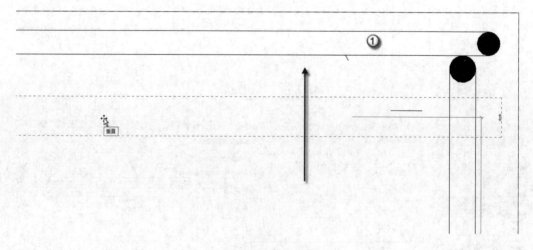

图 2.72　移动钢筋

注意：在这一步操作中，面筋与底筋在垂直投影方向上重合，也就是在剖面视图中上下对齐，只有这样才能用拉筋（图中③处）将面筋（图中①处）和底筋（图中②处）连接，如图 2.73 所示。

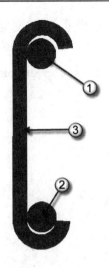

图 2.73　钢筋组合

（7）移动钢筋。按住 Ctrl 键不放，选择 2 根面筋（图中①②处）和 1 个钢筋接头（图中③处），按 MV 快捷键发出"移动"命令，向下垂直移动这 3 个图元，输入 6000 的移动距离，如图 2.74 所示。按 Enter 键结束操作。面筋正下面是底筋，不便选择。底筋是模型组（是一个整体），选不上面筋时按 Tab 键进行切换选择，选上之后，可以单击"过滤器"按钮，在弹出的"过滤器"对话框中检查是否正确选择。有 2 根结构钢筋（图中①处）和 1 个钢筋接头（图中②处），共 3 个图元（图中③处），如图 2.75 所示，即正确选择。

注意：第（6）步与第（7）步皆是移动钢筋。第（6）步是将钢筋移动到正确的位置，而第（7）步是将钢筋移出去（向下移动 6000mm）。因底筋在面筋下面，不好操作，将其先移出去是为了方便进行后面的操作。操作完成之后再将底筋移回来（向上移动 6000mm）。

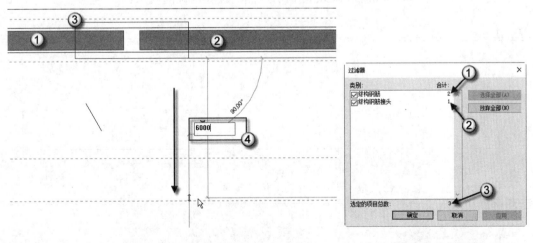

图 2.74　移动钢筋　　　　　　　　　　　图 2.75　过滤器

（8）复制钢筋。保证刚移动的 2 根面筋（图中①②处）和 1 个钢筋接头（图中③处）被选上，按 CO 快捷键发出"复制"命令，向下垂直移动这 3 个图元，输入 1000 的移动距离（钢筋的间距为 1000），如图 2.76 所示。按 Enter 键完成操作，可以观察到 2 个钢筋接头并没有错位，如图 2.77 所示。

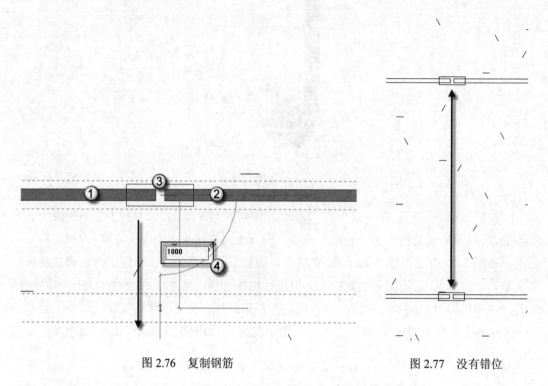

图 2.76　复制钢筋　　　　　　　　　　　　图 2.77　没有错位

（9）钢筋接头错位布置。选择复制之后的 2 根面筋和 1 个钢筋接头，按 DM 快捷键发出"镜像-绘制轴"命令，取消"复制"复选框的勾选，以筏板上下边界线中点为镜像轴的两个点，使用两点指定镜像轴进行镜像，完成之后可以观察到 2 个钢筋接头错位了 3057mm，如图 2.78 所示。因 3057mm＞35×20mm，所以满足接头错位的要求。

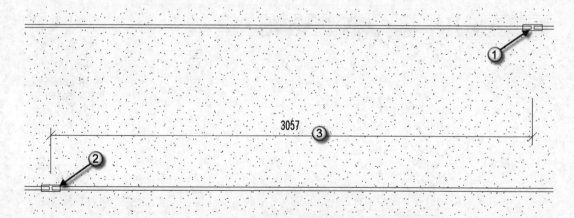

图 2.78　错位钢筋接头

（10）创建模型组。按住 Ctrl 键不放，依次选择 4 根面筋（图中①②③④处）和 2 个钢筋接头（图中⑤⑥处），按 GP 快捷键发出"创建组"命令，在弹出的"创建模型组"对话框中的"名称"栏中输入"水平在上"字样，单击"确定"按钮，如图 2.79 所示。

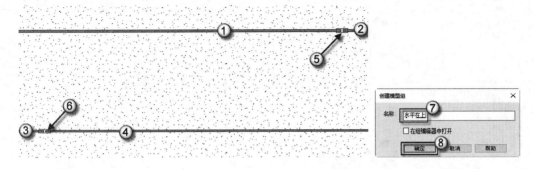

图 2.79　创建模型组

（11）移动模型组。选择"水平在上"模型组，按 CO 快捷键发出"复制"命令，向上垂直移动，输入 6000 的移动距离（前面是向下垂直移动 6000，现在是向上垂直移动 6000，即移动回去），如图 2.80 所示。按 Enter 键完成操作，进入"2-2 剖（平行于数字轴）"视图，可以观察到"水平在下"模型组（图中①处）和"水平在上"模型组（图中②处），如图 2.81 所示。

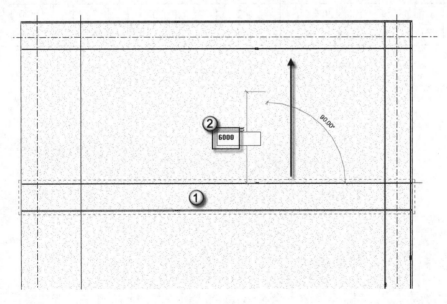

图 2.80　移动模型组

请读者按照同样的方法自行完成另一侧的面筋。注意，也要创建模型组，模型组的名称可为"垂直在上"。

☐注意：本节共创建了 4 个模型组，③④为平行于数字轴且在垂直投影方向重合，⑤⑥为平行于字母轴且在垂直投影方向重合，如图 2.82 所示。具体的钢筋内容见表 2.2。

一个模型组由两组图元组成，是为了保证钢筋接头错位。

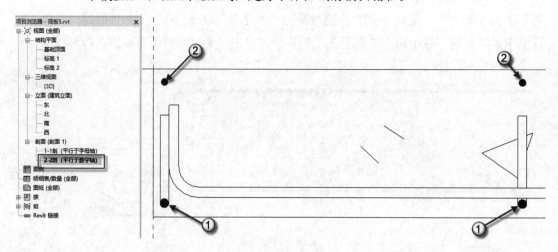

图 2.81　检查模型组

表 2.2　钢筋内容

编号	钢筋类型	钢筋直径（mm）	钢筋根数	接　　头	模型组名称	位　　置
③	面筋	Φ22	2×3	4（CPL22）	垂直在上	平行于数字轴
④	底筋	Φ28	2×3	4（CPL28）	垂直在下	平行于数字轴
⑤	面筋	Φ20	2×2	2（CPL20）	水平在上	平行于字母轴
⑥	底筋	Φ25	2×2	2（CPL25）	水平在下	平行于字母轴

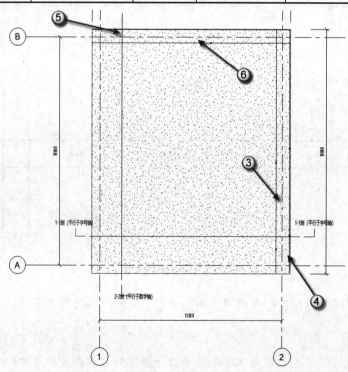

图 2.82　4 个模型组

2.3　复　制　钢　筋

如果绘制完一侧的钢筋便马上进行复制，会出现一个很麻烦的问题，即绘制另一侧钢筋时很难选择（视图中会出现密密麻麻的钢筋）。所以，复制钢筋的步骤一定要在最后进行。

2.3.1　阵列钢筋

使用"复制"命令，一次只能复制一组，但由于钢筋比较多，所以一般会使用到"阵列"命令。

（1）选择图元。要选择"垂直在上"与"垂直在下"两个模型组，使用框选的方式，即从左向右拉框，选择框是实线框，完全框进去的图元即被选择的图元。用两点（①→②）框选两个模型组，单击"过滤器"按钮，在弹出的"过滤器"对话框中去掉"参照平面"复选框的勾选，单击"确定"按钮，如图 2.83 所示。这样便选择上两个模型组，下面进行阵列操作。

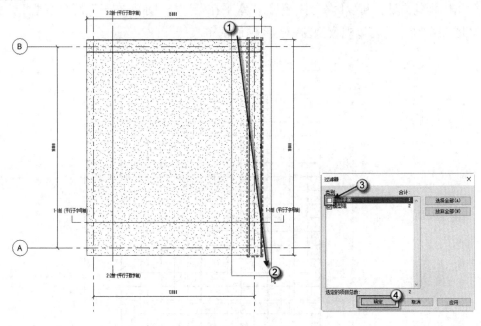

图 2.83　选择图元

（2）阵列模型组。按 AR 快捷键发出"阵列"命令。向右水平阵列，间距输入 2000（钢筋间距为 1000mm，两组复制时的间距为 2000mm），如图 2.84 所示。按 Enter 键完成操作，可以观察到向右只阵列出一组图元（图中①处），此时需要调整项目数（图中②处），如图 2.85 所示。项目数与阵列图元是关联的，可以反复调整，边调整边看结果，直到满意为止，此处项目数为 7 较适合。

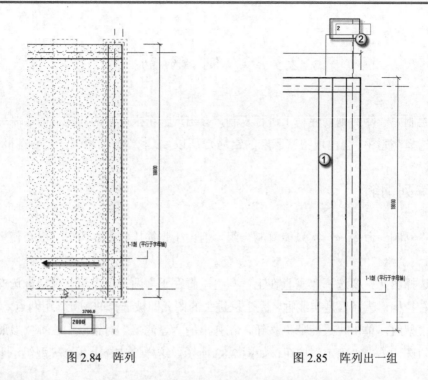

图 2.84　阵列　　　　　　　　　　　　图 2.85　阵列出一组

　　使用同样的方法，可以阵列另一侧的"水平在上"与"水平在下"两个模型组，完成之后如图 2.86 所示。可以观察到图中已经钢筋密布。

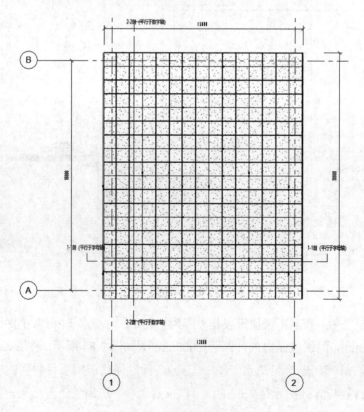

图 2.86　底筋与面筋

2.3.2　绘制拉筋

本小节只介绍平行于字母轴的拉筋的绘制，另一侧的拉筋绘制方法与此相同，请读者朋友们自己完成。

（1）发出命令。进入"2-2 剖（平行于数字轴）"视图，选择筏板图元，按 GJ 快捷键发出"结构钢筋"命令，在"属性"面板中选择"钢筋 20 HRB400"类型，在"钢筋形状浏览器"面板中选择"钢筋形状：02"。根据图纸，筏板边界处不放拉筋（图中④处），按空格键调整拉筋形状并放置（图中⑤处），如图 2.87 所示。

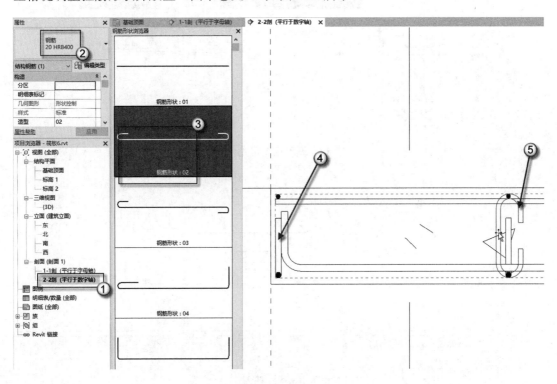

图 2.87　发出命令

（2）设置视图可见性状态。在"属性"面板中，单击"视图可见性状态"旁边的"编辑"按钮，在弹出的"钢筋图元视图可见性状态"对话框中勾选"基础顶面"视图的"清晰的视图"复选框，单击"确定"按钮，如图 2.88 所示。这样操作之后，在"基础顶面"视图中才能看到拉筋，其余视图可见性在本章最后一小节中再统一设置。

（3）对钢筋进行阵列操作。选择刚布置好的拉筋（图中①处），按 AR 快捷键发出"阵列"命令，阵列方向水平向右，输入阵列间距 3000（图中②处）。根据图纸，拉筋是间隔两组布置，（2+1）×1000=3000，如图 2.89 所示。按 Enter 键完成操作，可以观察到向右只阵列出一组图元（图中①处），此时需要调整项目数（图中②处），如图 2.90 所示。项目数与阵列图元是关联的，可以反复调整，边调整边看结果，直到满意为止，此处项目数为

6较适合。

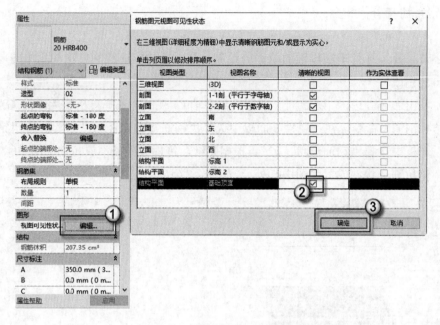

图 2.88　设置视图可见性状态

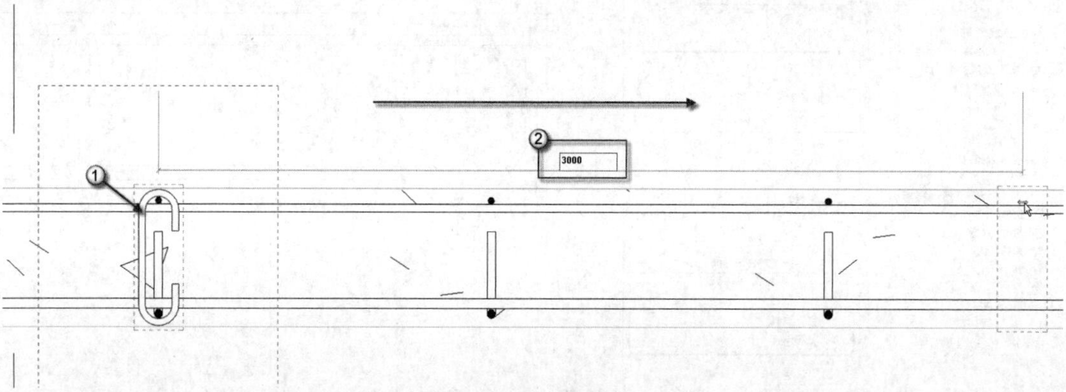

图 2.89　阵列钢筋

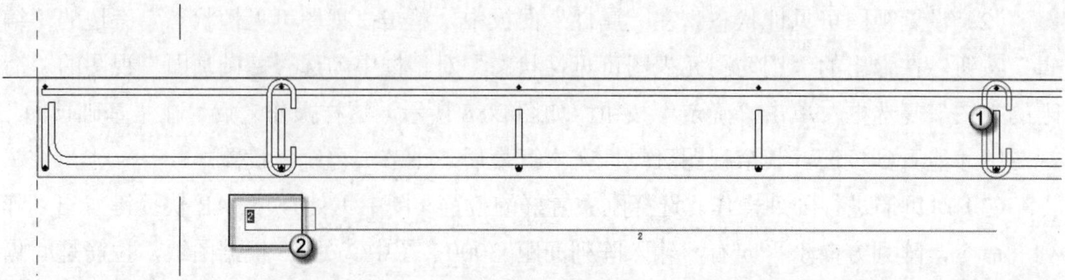

图 2.90　项目数

（4）设置钢筋集。按住 **Ctrl** 键不放，依次选择 6 根拉筋（图中①②③④⑤⑥处），可以观察到其类型为"模型组阵列组"，如图 2.91 所示。如果担心选择不准确，可以单击"过滤器"命令,在弹出的"过滤器"对话框中检查,如果只有 6 个"模型组",如图 2.92 所示,说明选择是正确的。阵列之后的图元,因为要关联操作,所以图元都是组。而组是无法使用"钢筋集"命令的,因此需要使用"解组"命令,把"组"分解为"钢筋"。按 UG快捷键发出"解组"命令,把组分解为钢筋,在"钢筋集"栏中切换"布局"为"最大间距"选项,输入"间距"的数值为 500,如图 2.93 所示。

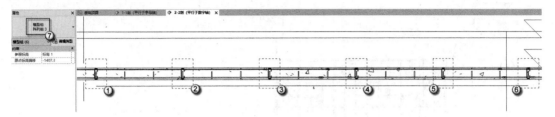

图 2.91　选择图元

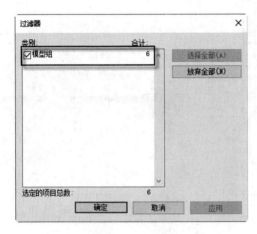

图 2.92　过滤器

图 2.93　最大间距

另一侧的拉筋(平行于数字轴),绘制方法与此相同,此处不在冗叙,请读者朋友自行完成。

2.3.3　三维检查

一般情况下,在使用三维软件(不仅是 Revit,还包括 3ds Max、SketchUp、Cinema 4D、Rhino 3D 等三维软件)建模时,在平行投影视图中操作一步,便会在三维视图中进行检查。在三维视图中观看会直观一些,而且一步一检查,会避免出现较大错误,以免到后面没有办法修改。

而钢筋建模则不一样。新建钢筋在剖面视图中完成,然后根据剖面视图、平面视图这两个视图对照观看,基本上就可以完成新建钢筋的检查了。如果在平行投影视图中操作一步,便在三维视图中进行检查,则需要频繁地设置"视图可见性状态",进而影响作图效率。所以,钢筋的三维检查需要放在最后一步进行。

（1）选择图元。使用叉选的方式，即从右向左拉框，选择框是虚线框，只要挨着的图元便会被选择上。用两点（①→②）叉选所有图元，单击"过滤器"按钮，在弹出的"过滤器"对话框中勾选"模型组"复选框，单击"确定"按钮，如图 2.94 所示。

（2）模型解组。模型组是不能设置"可见性状态"的，必须要将"模型组"分解成"钢筋"。按 UG 快捷键发出"解组"命令，分解"模型组"。

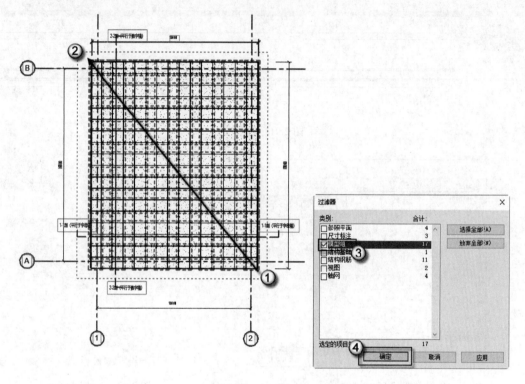

图 2.94　选择图元

（3）再次解组。用两点（①→②）叉选所有图元，单击"过滤器"按钮，在弹出的"过滤器"对话框中勾选"模型组"复选框，单击"确定"按钮，如图 2.95 所示。按 UG 快捷键发出"解组"命令，将"模型组"分解成"钢筋"。

注意：这里使用了两次"解组"命令。因为前面对模型组进行了"阵列"操作。"阵列"之后，就会出现嵌套模型组，即大模型组中包含小模型组。第一次解组操作，把大模型组分解成小模型组。第二次解组操作，把小模型组分解为钢筋。

（4）设置钢筋与接头的可见性状态。用两点（①→②）叉选所有图元，单击"过滤器"按钮，在弹出的"过滤器"对话框中勾选"结构钢筋"和"结构钢筋接头"复选框，单击"确定"按钮。在"属性"面板中，单击"视图可见性状态"旁边的"编辑"按钮，在弹出的"钢筋图元视图可见性状态"对话框中勾选 3D 视图的"清晰的视图"复选框，单击"确定"按钮，如图 2.96 所示。

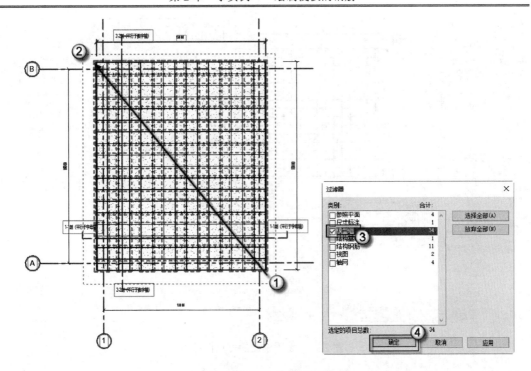

图 2.95　再次选择图元

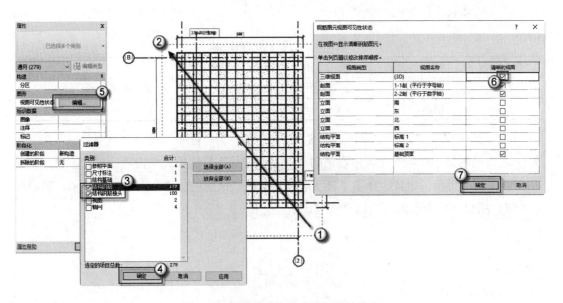

图 2.96　设置钢筋与接头的可见性状态

（5）设置钢筋的可见性状态。用两点（①→②）叉选所有图元，单击"过滤器"按钮，在弹出的"过滤器"对话框中只勾选"结构钢筋"复选框，单击"确定"按钮。在"属性"面板中，单击"视图可见性状态"旁边的"编辑"按钮，在弹出的"钢筋图元视图可见性状态"对话框中勾选 3D 视图的"作为实体查看"复选框，单击"确定"按钮，如图 2.97所示。

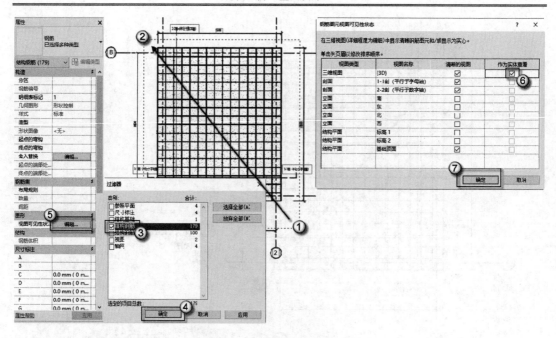

图 2.97　设置钢筋的可见性状态

🔔注意：第（4）步、第（5）步都设置了"可见性状态"，但是两步是有区别的，具体区别见表2.3所示。

表2.3　可见性状态的区别

步　　骤	图元的类型	视　　图	可见性状态	说　　明
（4）	钢筋和接头	基础顶面	清晰的视图	在视图中可见
（5）	钢筋	3D	作为实体查看	在视图中可见其真实效果

（6）三维检查。进入三维视图，设置"详细程度"为"精细"，设置"视觉样式"为"真实"，在"图形显示选项"面板中取消勾选"显示边缘"复选框，单击"确定"按钮，如图2.98和图2.99所示。如果选择了"显示边缘"选项，钢筋的边缘会用黑粗线表示，影响观看效果，所以一般会取消勾选这个选项。

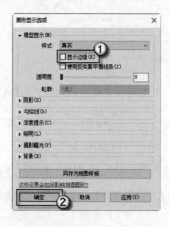

图 2.98　图形显示选项

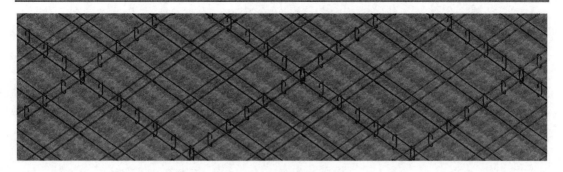

图 2.99　三维钢筋的效果

本章的重点并不是讲授筏板的钢筋如何绘制，而是通过筏板这个小实例，说明钢筋绘制的一般流程、常用的命令及笔者总结的一些心得与小技巧，目的是给第 3 章的实战学习做铺垫。

第 2 篇
案例实战

第3章 地下部分

本章主要以钻孔灌注桩、扩展基础以及承台为例，介绍通过 Revit 布置地基基础钢筋的一般步骤。基础梁 JL 虽然属于地下部分，但其配筋方法与梁一致，请读者参看本书第 5 章的相关内容。

3.1 工 程 桩

工程桩是桩基础的一部分，需要与承台一起承受来自建筑物上部区域尤其是竖向的荷载。本节先介绍工程桩的配筋，后介绍桩上承台的配筋。

3.1.1 螺旋钢筋

由于桩身比较长，在施工时不可能对箍筋一圈一圈地布置，因此，一般会使用螺旋型钢筋作为工程桩的箍筋。Revit 自带螺旋筋的钢筋形状，直接选用即可。

（1）打开文件。启动 Revit，单击"打开"按钮，在弹出的"打开"对话框中，选择本书配套下载资源提供的已制作好的"框剪结构-混凝土完成"RVT 文件，单击"打开"按钮，打开这个文件，如图 3.1 所示。关于这个文件的一些叙述，在第 1 章中有说明。

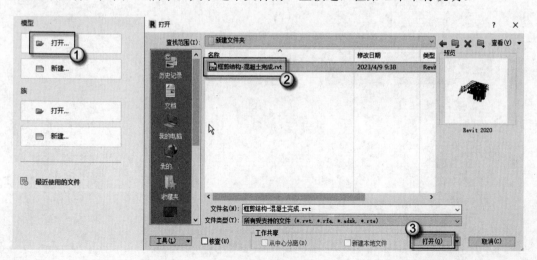

图 3.1　打开文件

（2）绘制辅助线。在"项目浏览器"面板中，进入"基础顶面"视图，按 RP 快捷键发出"参照平面"命令，用两点（②→③）的方式绘制垂直向下并穿过承台 CT5 下方工程桩桩心的一条辅助线，如图 3.2 所示。

🔔注意：绘制辅助线的目的是方便后续绘制工程桩钢筋。

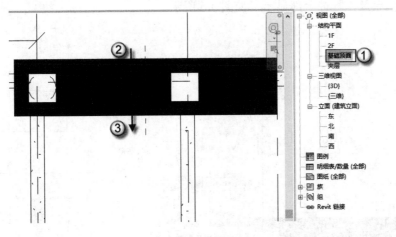

图 3.2　绘制辅助线

（3）新建剖面 A。在"快速访问工具栏"中单击"剖面"按钮，沿上一步绘制的辅助线，从上至下（图中①处）新建承台 CT5 的剖面图，并移动调整剖视范围（图中②处），保证这个剖面视图只剖切到工程桩，如图 3.3 所示。在"项目浏览器"面板中，将"剖面 1"视图重命名为 A，如图 3.4 所示。

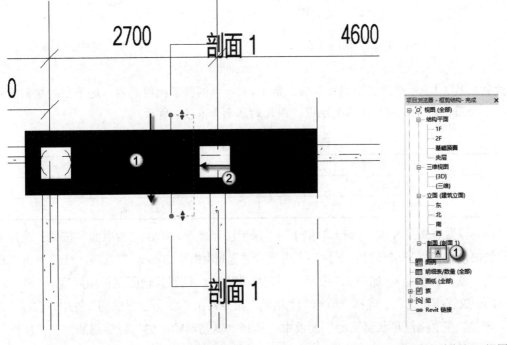

图 3.3　新建剖面　　　　　　　　　　　　　　　　图 3.4　重命名 A 视图

注意：此处调整剖视范围只为能观察到工程桩。对工程桩设置钢筋只需要看到工程桩，如果看到工程桩以外的部分，绘制钢筋时会比较麻烦。

（4）进入剖面 A 视图。右击剖切线（图中①处），在弹出的右键快捷菜单中选择"转到视图"选项，进入剖面 A 视图，如图 3.5 所示；设置"详细程度"为"精细"，调整视图范围框，使承台及工程桩全部显示，如图 3.6 所示。

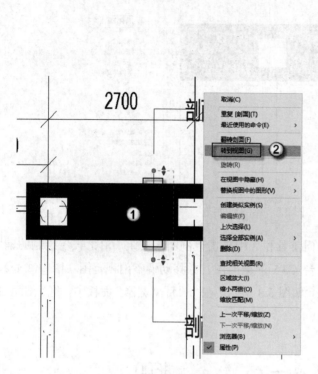

图 3.5　进入剖面 A 视图

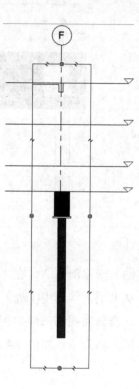

图 3.6　调整视图范围框

注意：第（3）步中调整了剖视范围，第（4）步中调整了视图范围，这是在新建剖面视图中都需要调整的两个范围，两者的区别如表 3.1 所示。

表 3.1　剖视范围与视图范围

范 围 名 称	方　向
剖视范围	剖切面延伸方向
视图范围	与剖切面垂直

（5）设置保护层厚度。选择"结构"|"保护层"命令，单击"拾取面"按钮，选择工程桩侧面，在"保护层设置"下拉列表中选择"基础-侧面<20mm>"选项，依次单击工程桩两侧（图中③④处），如图 3.7 所示。用同样的方法，设置其他面保护层厚度。

（6）放置螺旋钢筋。选择"结构"|"钢筋"命令，在"修改|放置钢筋"栏中，选择"前侧"选项，在"钢筋形状浏览器"面板中，选择"钢筋形状：53"螺旋钢筋，在"属性"面板中选择"钢筋 8 HPB300"类型，将螺旋钢筋放置在工程桩中，如图 3.8 所示。

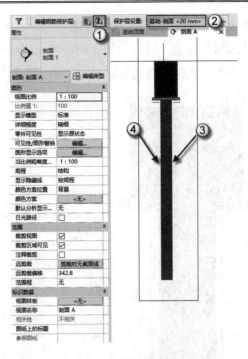

图 3.7　设置保护层厚度

（7）调整螺旋钢筋范围。按 RP 快捷键发出"参照平面"命令，绘制一条距离承台垫层底 100mm 辅助线（图中①处），选择已放置的螺旋钢筋，向下拖动钢筋顶部的"造型操纵柄"（图中②处）至辅助线位置（②→③），如图 3.9 所示。

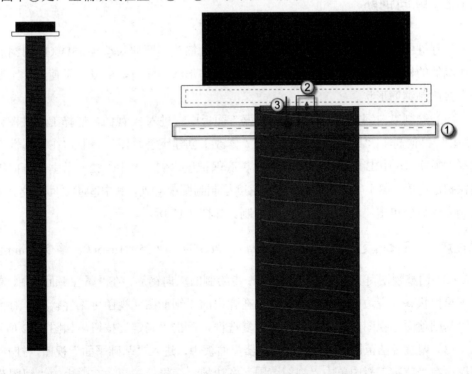

图 3.8　放置螺旋钢筋　　　　　　　　图 3.9　调整螺旋钢筋范围

（8）调整视图可见性状态。选择上一步绘制的螺旋钢筋，在"属性"面板中，单击"视图可见性状态"旁边的"编辑"按钮，在弹出的"钢筋图元视图可见性状态"对话框中勾选"基础顶面"视图的"清晰的视图"复选框，单击"确定"按钮，如图 3.10 所示。

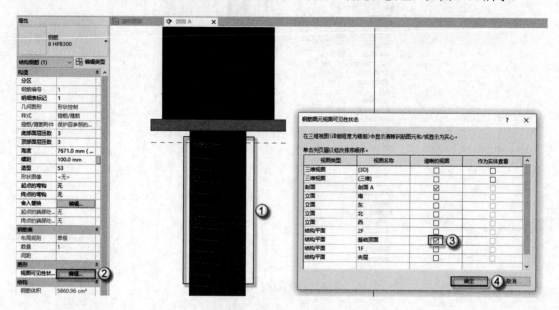

图 3.10　调整视图可见性状态

3.1.2　纵向钢筋

工程桩中的纵筋（纵向钢筋）为通长筋，钢筋头部要伸入承台 35D（D 为钢筋直径）。由于纵筋的样式比较特殊，且 Revit 自带的钢筋形状中没有，所以这里使用"绘制"的方法直接绘制钢筋形状。

（1）绘制纵向钢筋。在"项目浏览器"面板中，进入 A 视图，选择工程桩图元，选择"结构"|"钢筋"|"绘制"命令，进入"修改丨创建钢筋草图"界面，在"属性"面板中选择"钢筋 16 HRB400"类型，依次从桩底保护层内侧（图中②处）沿垂直方向绘制到桩顶保护层内侧（图中③处），再沿 75°角度绘制到图中④处。其中③④之间距离为 560mm，绘制完成后，单击"√"按钮，完成绘制。如图 3.11 所示。

注意：③④之间是纵筋伸入承台的距离，为 35D，即 35×16=560，单位为 mm。

（2）调整视图可见性状态。选择上一步绘制的纵向钢筋，在"属性"面板中，单击"视图可见性状态"旁边的"编辑"按钮，在弹出的"钢筋图元视图可见性状态"对话框中勾选"基础顶面"视图的"清晰的视图"复选框，单击"确定"按钮，如图 3.12 所示。

（3）调整视图范围。在"项目浏览器"面板中，进入"基础平面"视图，打开"属性"面板，在"范围"栏中单击"视图范围"旁边的"编辑"按钮，在弹出的"视图范围"对话框中的"底部偏移"栏中输入-2000，在"标高偏移"栏中输入-2600，单击"确定"按钮，如图 3.13 所示。

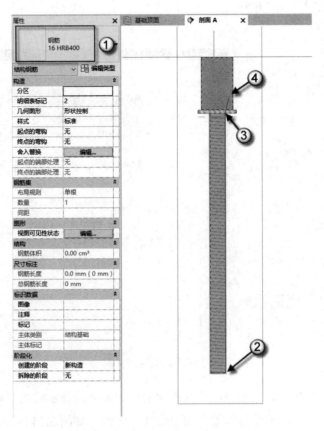

图 3.11　绘制纵向钢筋

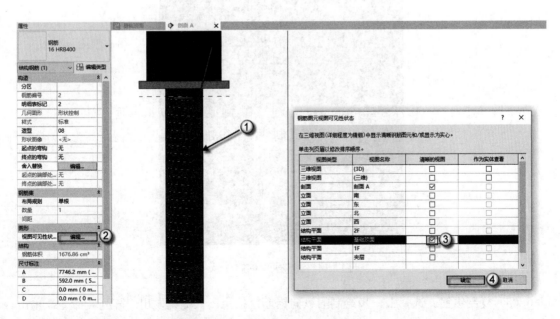

图 3.12　调整视图可见性状态

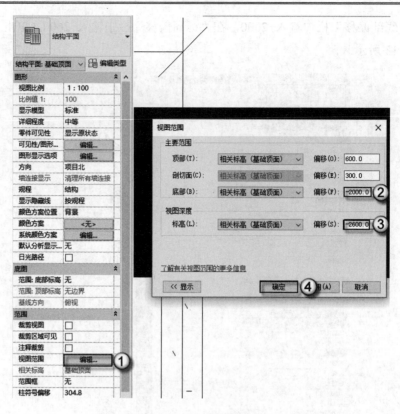

图 3.13 调整视图范围

（4）调整纵向钢筋位置。选择已绘制的纵筋，按 MV 快捷键发出"移动"命令，将纵向钢筋（图中①处）移动至螺旋钢筋（图中②处）内侧，如图 3.14 所示。

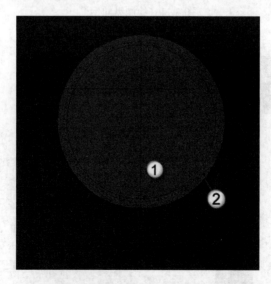

图 3.14 调整纵向钢筋位置

（5）复制纵筋。选择上一步绘制的纵向钢筋，按 AR 快捷键发出"阵列"命令，单击"半径"按钮，取消勾选"成组并关联"，将"项目数"设为 14，"移动到"选"第二个"

选项，在"旋转中心"栏单击"地点"按钮，并单击工程桩桩心，顺时针旋转 25.71°并复制，按 Enter 键完成操作，如图 3.15 所示。

🔔注意：由于该工程桩的主筋为 14 根，因此旋转复制的角度为 360°/7，即 25.71°。

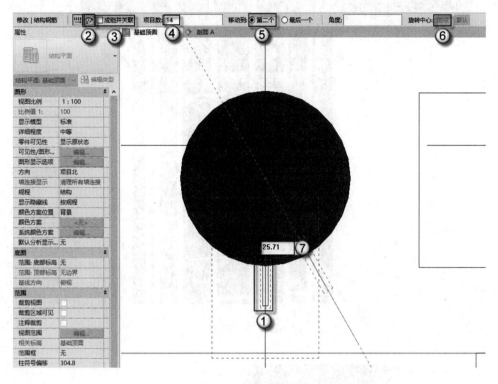

图 3.15　复制的纵筋

3.1.3　加劲箍

加劲箍又叫加劲箍筋，在桩基础中，钢筋骨架除按设计规定设置外，每隔 2m 需另外增设一道焊接箍筋（本例加劲箍的直径为 12mm），以增强钢筋笼吊装的刚度。这种增强钢筋笼吊装刚度的箍筋即加劲箍。

（1）放置加劲箍。选择配筋了的螺旋筋与纵筋的工程桩（图中①处），在"项目浏览器"面板中，进入 A 视图，按 GJ 快捷键发出"结构钢筋"命令，在"修改|放置钢筋"栏中，选择"当前工作平面"为放置平面，选择"垂直于保护层"为放置方向，在"钢筋形状浏览器"面板中，选择"钢筋形状：38"圆形钢筋（图中②处），在"属性"面板中选择"钢筋 12 HRB400"类型，将加劲箍大致放置在图中③的位置，如图 3.16 所示。

（2）调整视图可见性状态。选择上一步放置的加劲箍，在"属性"面板中，单击"视图可见性状态"旁边的"编辑"按钮，在弹出的"钢筋图元视图可见性状态"对话框中勾选"基础顶面"视图的"清晰的视图"复选框，单击"确定"按钮，如图 3.17 所示。

图 3.16　绘制加劲箍

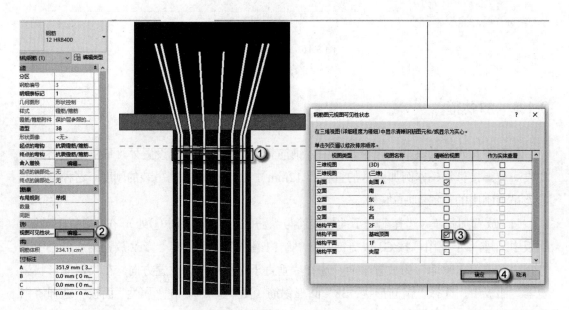

图 3.17　调整视图可见性状态

（3）复制加劲箍。在 A 视图中，选择上一步放置的加劲箍，按 CO 快捷键发出"复制"命令，以每隔 2000mm 的间距向下复制加劲箍，如图 3.18 所示。

（4）创建模型组。选择该工程桩所有钢筋，按 GP 快捷键发出"创建组"命令，在弹出的"创建模型组"对话框中的"名称"栏中输入"钢筋笼"字样，单击"确定"按钮完成操作，如图 3.19 所示。

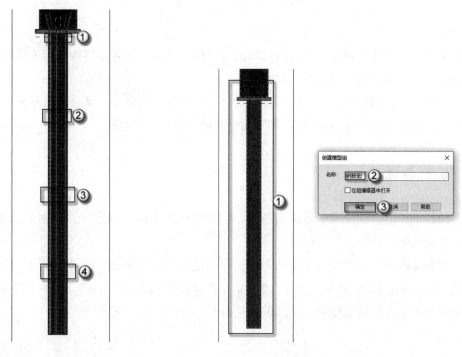

图 3.18　复制加劲箍　　　　　　　　　图 3.19　创建模型组

（5）复制工程桩钢筋笼。在"项目浏览器"面板中，进入"基础顶面"视图，依次对各工程桩添加保护层，最后选择该工程桩钢筋笼，按 CO 快捷键发出"复制"命令，依次将钢筋笼复制到其他工程桩中，如图 3.20 所示。

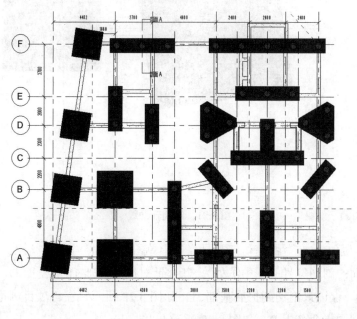

图 3.20　复制工程桩钢筋笼

3.2 基 础

在建筑工程中，建筑物与土层直接接触的部分称为基础。基础是将结构所承受的各种荷载传递到地基上的结构组成部分。

本节介绍两种类型的基础：扩展基础与承台。这两者的区别是，承台下面有桩（承台与桩合在一起称为桩基础）；而扩展基础下面没有桩，直接与土层接触。

3.2.1 扩展基础 J

本例的柱下扩展基础采用的是锥形基础。与柱接触的顶部小，而与土层接触的底部大，这种上小下大的形状称为锥形基础。

（1）绘制辅助线。在"项目浏览器"面板中，进入"基础顶面"视图，按 RP 快捷键发出"参照平面"命令，沿扩展基础 J1 边绘制一条辅助线（图中箭头处），如图 3.21 所示。这根辅助线是为了方便后面绘制剖切面的剖切符号。

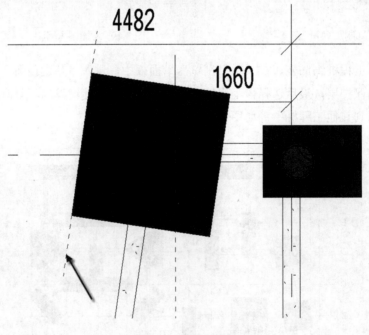

图 3.21 绘制辅助线

（2）新建剖面 B。在"快速访问工具栏"中单击"剖面"按钮，沿上一步绘制的辅助线，绘制剖切面的剖切符号（图中①处），新建针对扩展基础 J1 的剖面图，并调整剖视范围（图中②处），保证只剖切到扩展基础 J1，如图 3.22 所示。在"项目浏览器"面板中，将"剖面 2"视图重命名为 B，如图 3.23 所示。

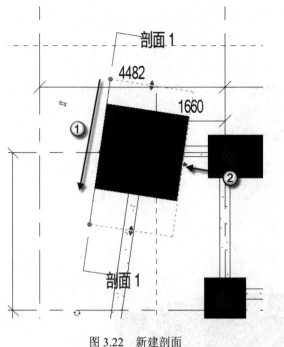

图 3.22　新建剖面　　　　　　　　图 3.23　重命名 B 视图

（3）进入剖面 B 视图。右击剖切线（图中①处），在弹出的右键快捷菜单中，选择"转到视图"命令，进入剖面 B 视图，如图 3.24 所示；设置"详细程度"为"精细"，调整剖切范围框，使扩展基础 J1 全部显示，如图 3.25 所示。

图 3.24　进入剖面 B 视图

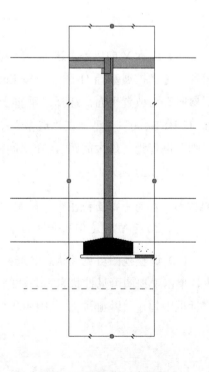

图 3.25　调整剖切范围框

（4）放置 X 向钢筋。选择"结构"|"保护层"命令，依次对扩展基础各面保护层进行设置。选择扩展基础 J1 图元，按 GJ 快捷键发出"结构钢筋"命令，在"修改 | 创建钢筋草图"界面中，选择"近保护层参照"为放置平面，选择"平行于保护层"为放置方向，在"属性"面板中，选择"钢筋 12 HRB400"类型，在"造型"栏中选择"01"钢筋形状，在"钢筋集"栏，将"布局规则"设置为"最大间距"，在"间距"栏输入 180，最后将 X 向钢筋放置在扩展基础 J1 中，如图 3.26 所示。

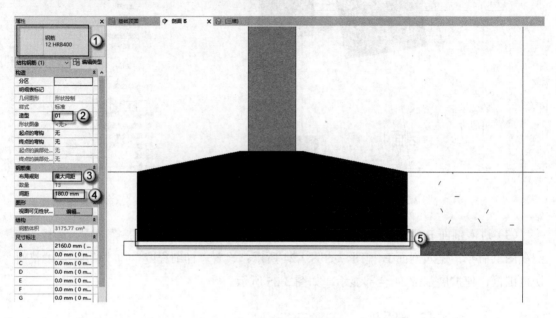

图 3.26　放置 X 向钢筋

（5）放置 Y 向钢筋。选择"结构"|"保护层"命令，依次对扩展基础各面保护层进行设置。选择扩展基础 J1 图元，按 Enter 键，重复上一步"结构钢筋"命令，选择"近保护层参照"为放置平面，选择"垂直于保护层"为放置方向，在"属性"面板中，选择"钢筋 12 HRB400"类型，在"造型"栏中选择"01"钢筋形状，在"钢筋集"栏，将"布局规则"设置为"最大间距"，在"间距"栏输入 180，最后将 Y 向钢筋放置在扩展基础 J1 中，如图 3.27 所示。

注意：在同一剖面视图中，如果 X 向钢筋是直线型，则 Y 向钢筋为圆形型。这就表明 X 向与 Y 向是相互垂直的。

（6）调整视图可见性状态。选择上一步绘制的扩展基础 J1 所有钢筋，在"属性"面板中，单击"视图可见性状态"旁边的"编辑"按钮，在弹出的"钢筋图元视图可见性状态"对话框中勾选"基础顶面"视图的"清晰的视图"复选框，单击"确定"按钮，如图 3.28 所示。

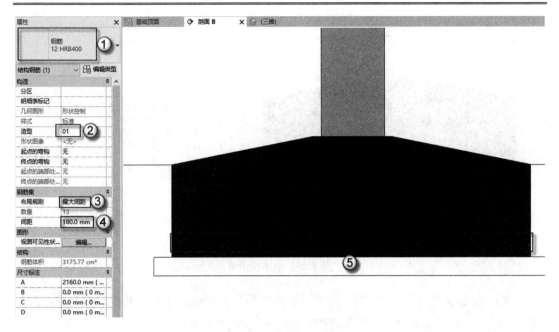

图 3.27　放置 Y 向钢筋

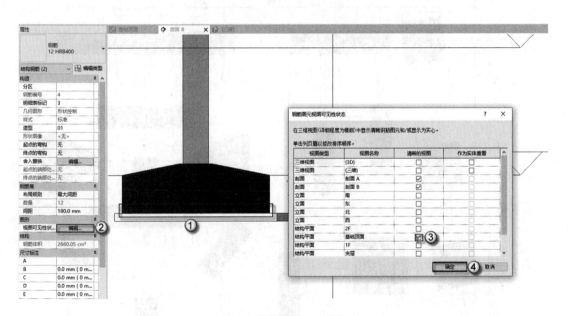

图 3.28　调整视图可见性状态

（7）创建模型组。选择该扩展基础 J1 所有钢筋（图中① 处），按 GP 快捷键发出"创建组"命令，在弹出的"创建模型组"对话框中的"名称"栏中输入"扩展基础 J1 钢筋"字样，单击"确定"按钮完成操作，如图 3.29 所示。使用同样的方法完成扩展基础 J2 钢筋的绘制，并创建模型组。

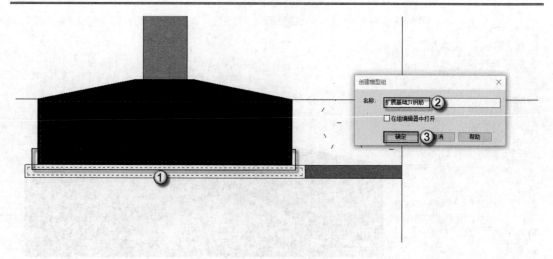

图 3.29　创建模型组

（8）完成其他扩展基础钢筋。在"项目浏览器"面板中，进入"基础顶面"视图，利用"复制"命令，完成所有扩展基础钢筋的配置，如图 3.30 所示。

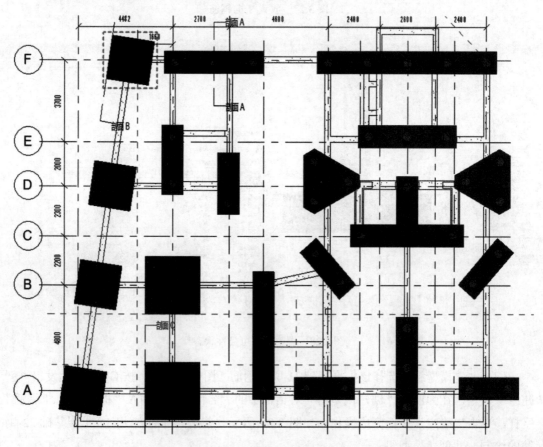

图 3.30　完成其他扩展基础钢筋

3.2.2　承台 CT

承台指的是为承受柱身传递的荷载，在工程桩顶部设置的连接各桩顶的钢筋混凝土平台。承台是桩与柱联系的部分。承台把几根甚至几十根桩联系在一起形成桩基础。承台根据实际施工的需要，有矩形、多边形等形状。

（1）新建剖面 D。在"项目浏览器"面板中，进入"基础顶面"视图，新建剖面 D。在"快速访问工具栏"中单击"剖面"按钮，沿承台 CT5 垂直方向新建剖面图，并调整剖视范围，保证只剖切到该承台，如图 3.31 所示。在"项目浏览器"面板中，将"剖面 1"视图重命名为 D，如图 3.32 所示。

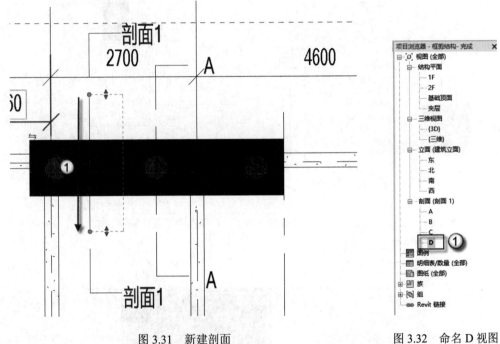

图 3.31　新建剖面　　　　　　　　　　　　图 3.32　命名 D 视图

（2）进入剖面 D 视图。右击剖切线（图中①处），在弹出的右键快捷菜单中选择"转到视图"命令，进入剖面 D 视图，如图 3.33 所示；设置"详细程度"为"精细"，调整剖切范围框，使承台全部显示，如图 3.34 所示。

（3）放置外围箍筋。选择"结构"|"保护层"命令，依次对承台 CT5 各面保护层进行设置。选择承台 CT5 图元，按 GJ 快捷键发出"结构钢筋"命令，在"修改 | 创建钢筋草图"界面中，选择"当前工作平面"为放置平面，选择"平行于工作平面"为放置方向，在"属性"面板中，选择"钢筋 10 HPB300"类型，在"造型"栏中选择"33"钢筋形状（33 钢筋形状是比较常用的矩形箍筋，在矩形梁、矩形柱中会经常用到，本书后面也会频繁用到，请读者们留心），在"钢筋集"栏，将"布局规则"设置为"最大间距"，在"间距"栏输入 200，最后将外围箍筋放置在承台 CT5 中，如图 3.35 所示。

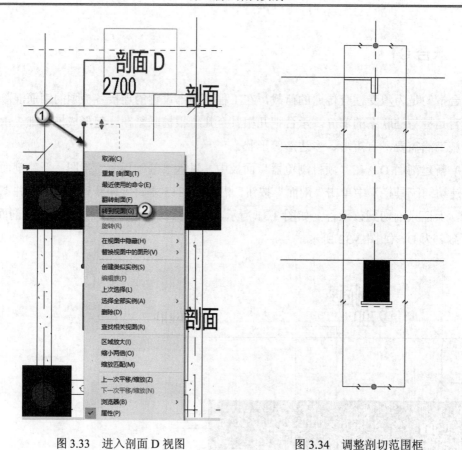

图 3.33　进入剖面 D 视图　　　　　　图 3.34　调整剖切范围框

图 3.35　放置外围箍筋

（4）放置上下纵向钢筋。选择承台 CT5 图元，按 Enter 键，重复上一步的"结构钢筋"命令，在"修改|创建钢筋草图"界面中，选择"当前工作平面"为放置平面，选择"垂直于保护层"为放置方向，在"属性"面板中，选择"钢筋 25 HRB400"类型，在"造型"栏中选择"01"钢筋形状，在"钢筋集"栏，将"布局规则"设置为"固定数量"，在"数量"栏输入 7，最后将上下纵向钢筋放置在承台 CT5 中，如图 3.36 所示。

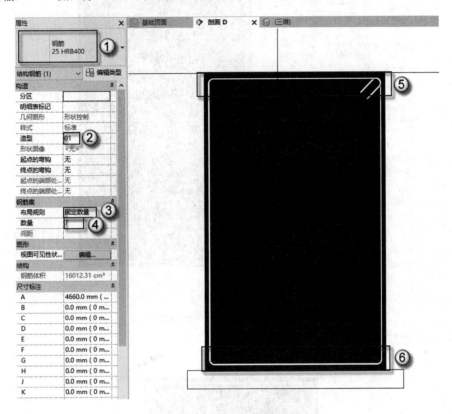

图 3.36　放置上下纵向钢筋

（5）放置左右纵向钢筋。选择承台 CT5 图元，按 Enter 键，重复上一步的"结构钢筋"命令，在"修改|创建钢筋草图"界面中，选择"当前工作平面"为放置平面，选择"垂直于保护层"为放置方向，在"属性"面板中，选择"钢筋 12 HRB400"类型，在"造型"栏中选择"01"钢筋形状，在"钢筋集"栏，将"布局规则"设置为"固定数量"，在"数量"栏输入 7，最后将上下纵向钢筋放置在承台 CT5 中，拖动上下"造型操纵柄"，调整纵筋位置，如图 3.37 所示。选择左侧纵向钢筋（图中①处），按 MM 快捷键发出"镜像"命令，将左侧纵向钢筋镜像到右侧（图中②处），如图 3.38 所示。

（6）放置内侧箍筋。选择承台 CT5 图元，按 Enter 键，重复上一步的"结构钢筋"命令，在"修改|创建钢筋草图"界面中，选择"当前工作平面"为放置平面，选择"平行于工作平面"为放置方向，在"属性"面板中，选择"钢筋 10 HPB300"类型，在"造型"栏中选择"33"钢筋形状，在"钢筋集"栏，将"布局规则"设置为"最大间距"，在"间距"栏输入 200，将内侧箍筋放置在承台 CT5 中，并拖动左右两个"造型操纵柄"（图中

⑤⑥处），调整箍筋范围。如图 3.39 所示。

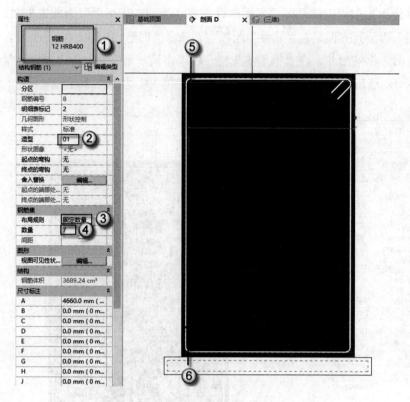

图 3.37 放置左侧纵向钢筋

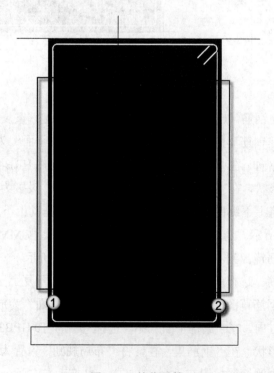

图 3.38 镜像钢筋

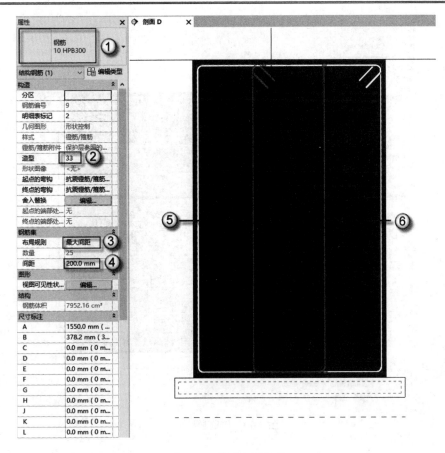

图 3.39　放置内侧箍筋

（7）放置拉结筋。选择承台 CT5 图元，按 Enter 键，重复上一步的"结构钢筋"命令，在"修改｜创建钢筋草图"界面中，选择"当前工作平面"为放置平面，选择"平行于工作平面"为放置方向，在"属性"面板中，选择"钢筋 10 HPB300"类型，在"造型"栏中选择"03"钢筋形状，在"钢筋集"栏，将"布局规则"设置为"最大间距"，在"间距"栏输入 200，绘制第一根拉结筋（图中⑤处），按 CO 快捷键发出"复制"命令，向下复制拉结筋，在承台 CT5 中共有 7 根拉结筋（图中⑥处），如图 3.40 所示。

（8）调整视图可见性状态。选择上一步放置的承台 CT5 所有钢筋，在"属性"面板中，单击"视图可见性状态"旁边的"编辑"按钮，在弹出的"钢筋图元视图可见性状态"对话框中勾选"基础顶面"视图的"清晰的视图"复选框，单击"确定"按钮，如图 3.41 所示。

（9）创建模型组。选择该承台 CT5 所有钢筋，按 GP 快捷键发出"创建组"命令，在弹出的"创建模型组"对话框中的"名称"栏中输入"承台 CT5 钢筋"字样，单击"确定"按钮完成操作，如图 3.42 所示。

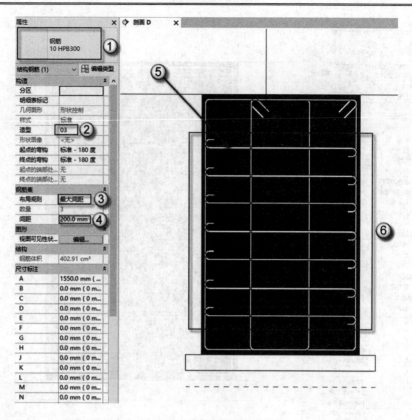

图 3.40　放置拉结筋

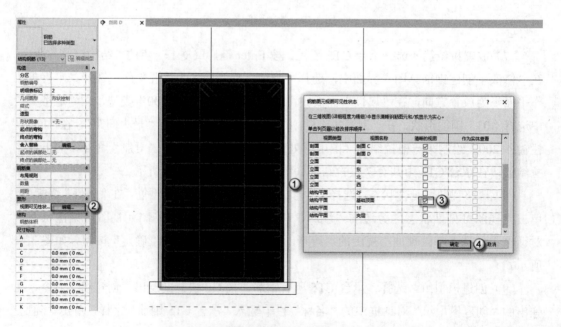

图 3.41　调整视图可见性状态

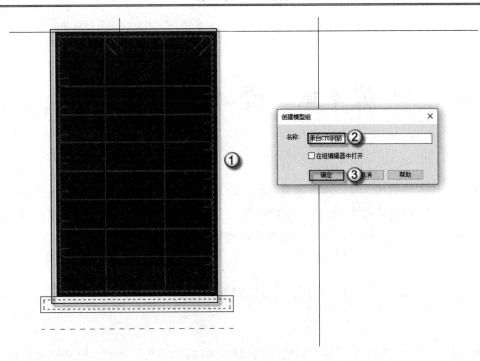

图 3.42　创建模型组

注意：钢筋制作完后，一定要新建模型组，否则在后期修改时，想选择相应的钢筋会非
常困难。

　　本例中共有 8 种承台，CT1～CT8。此处介绍了 CT5 配筋的方法，其余承台配筋的方
法基本无区别，此处不在冗叙，请读者们自行完成。

第4章 受压构件

受压构件主要有墙、柱。构件承受的压力作用点与构件的轴心偏离时，使构件既受压又受弯，即为偏心受压构件（也称为压弯构件），常见于屋架的上弦杆、框架结构柱、砖墙及砖垛等。本章主要介绍受压构件中的框架柱与剪力墙的配筋。

4.1　框架柱 KZ

框架柱在框架结构中承受梁和板传来的荷载，并将荷载传给基础。框架柱是主要的竖向承重构件，其类型有很多，在房屋建筑中，最常见的为矩形框架柱。本节以 KZ2 为例，介绍框架柱钢筋的绘制方法。

4.1.1　箍筋

箍筋用来满足斜截面抗剪强度，并连结受力主筋。根据相关要求，箍筋之间的间距有加密区与非加密区之分。加密区的箍筋间距小一些，箍筋显得密集一些。加密区与非加密区主要根据构件受力情况而定。

（1）新建剖面 E。在"项目浏览器"面板中，进入"1F"视图，在"快速访问工具栏"中单击"剖面"按钮，设置一个穿过 KZ2 的剖面，并调整剖视范围，保证只剖切到 KZ2（如果剖切到别的构件，会影响钢筋的操作），如图 4.1 所示。在"项目浏览器"面板中，将"剖面 1"视图重命名为 E，如图 4.2 所示。

（2）进入剖面 E 视图。在"项目浏览器"面板中，进入剖面 E 视图，设置"详细程度"为"精细"，调整剖切范围框，使 KZ2 与承台全部显示，如图 4.3 所示。

（3）放置箍筋。选择"结构"|"保护层"命令，对 KZ2 各面进行保护层厚度设置。选择 KZ2 图元，按 GJ 快捷键发出"结构钢筋"命令，在"修改 | 创建钢筋草图"界面选择"当前工作平面"为"放置平面"选项，选择"垂直于工作平面"为放置方向，在"属性"面板中，选择"钢筋 8 HPB300"类型，在"造型"栏中选择"33"钢筋形状，在"钢筋集"栏，将"布局规则"设置为"最大间距"，在"间距"栏输入 200，可以观察到在 KZ2 中出现了箍筋（图中⑤处），如图 4.4 所示。

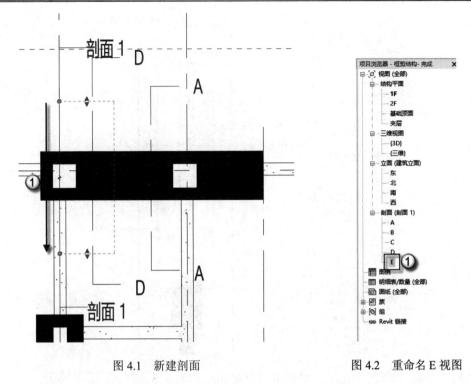

图 4.1　新建剖面　　　　　　　　　　图 4.2　重命名 E 视图

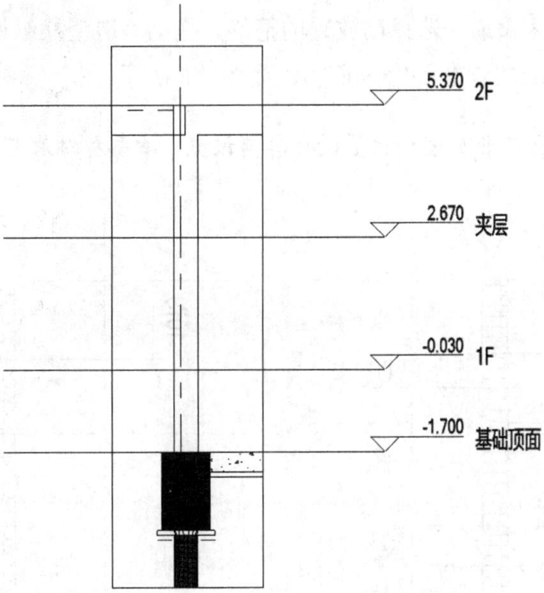

图 4.3　进入剖面 E 视图

（4）绘制辅助线。按 RP 快捷键发出"参照平面"命令，依次绘制两个参照平面（即辅助线），一个距离梁底 1079mm（图中①处），另一个距离承台顶 2157mm（图中②处），如图 4.5 所示。两条辅助线中间区域为箍筋非加密区，其他区域为加密区。

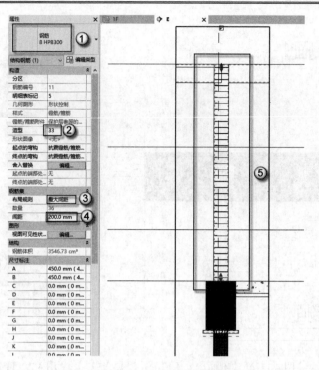

图 4.4　放置箍筋

（5）放置非加密区箍筋。选择已放置的箍筋，拖动"造型操纵柄"，使箍筋位于上下两条辅助线中间，即完成放置非加密区箍筋，如图 4.6 所示。

注意：框架柱加密区与非加密区位置的计算与设置，请参看附录中的图纸和相关图集规范。

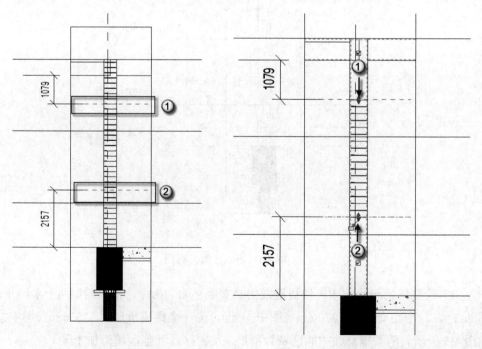

图 4.5　绘制辅助线　　　　　　　　图 4.6　放置非加密区箍筋

（6）放置加密区箍筋。选择已放置的非加密区箍筋，按 CO 快捷键发出"复制"命令，依次将非加密区箍筋复制到加密区，并拖动"造型操纵柄"，调整箍筋区域，加密区为图中①②处，最后，在"属性"面板中，将"布局规则"设置为"最大间距"，在"间距"栏输入 100，如图 4.7 所示。

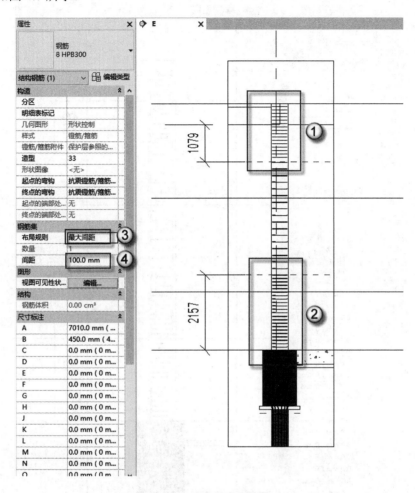

图 4.7　放置加密区箍筋

🔔注意：加密区箍筋的间距为 100mm，非加密区箍筋的间距为 200mm。

4.1.2　纵向钢筋

纵筋一般指在混凝土构件内沿长边方向（框架柱的长边方向为高方向）布置的钢筋，多为受力钢筋。框架柱的纵向钢筋沿柱子的高方向布置，主要承受拉力。

（1）放置纵向钢筋。在"项目浏览器"面板中，进入 E 视图。选择 KZ2 图元，按 GJ 快捷键发出"结构钢筋"命令，在"修改 | 创建钢筋草图"界面中，选择"当前工作平面"为放置平面，选择"平行于工作平面"为放置方向，在"属性"面板中，选择"钢

筋 20 HRB400"类型，在"造型"栏中选择"05"钢筋形状，将纵向钢筋放置在 KZ2 中，如图 4.8 所示。

注意：纵向钢筋两端的弯钩方向朝柱内侧。

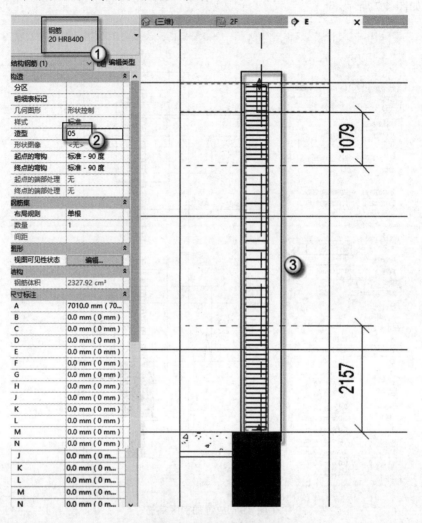

图 4.8　放置纵向钢筋

（2）修改纵向钢筋。双击已放置的纵向钢筋，进入"修改 | 编辑钢筋草图"界面，单击纵向钢筋下方的"切换弯钩方向"按钮，切换纵向钢筋下部弯钩的方向，单击"√"按钮，完成修改，如图 4.9 所示。拖动纵向钢筋的"造型操纵柄"，将纵向钢筋拉长至承台底，如图 4.10 所示。

（3）调整弯钩长度。选择放置的纵向钢筋，在"属性"面板中，单击"编辑类型"按钮，进入"类型属性"对话框，单击"弯钩长度"旁边的"编辑"按钮，在弹出的"钢筋弯钩长度"对话框中，取消"标准-90 度"栏的"自动计算"复选框的勾选，在"弯钩长度"栏输入 240，两次单击"确定"按钮，完成操作，如图 4.11 所示。

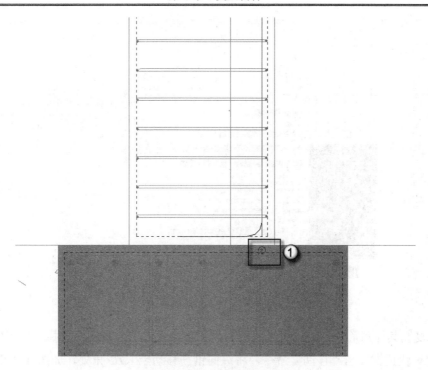

图 4.9　切换弯钩方向

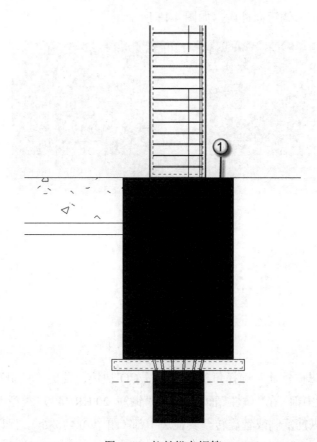

图 4.10　拉长纵向钢筋

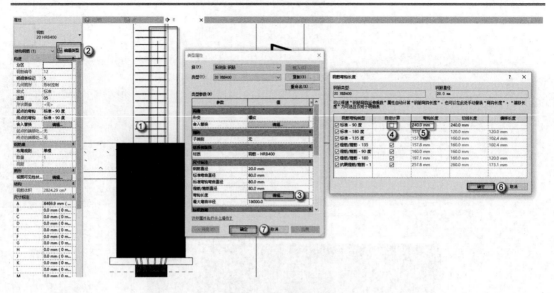

图 4.11　调整弯钩长度

（4）复制其他角筋。在"项目浏览器"面板中，进入 2F 视图。选择已放置的纵向钢筋，按 MV 快捷键发出"移动"命令，将纵向钢筋移动至 KZ2 角处，如图 4.12 所示。选择已放置的纵向钢筋，按 CO 快捷键发出"复制"命令，依次将纵向钢筋复制到其他三个角部，保证角筋上部弯钩弯向柱内，如图 4.13 所示。

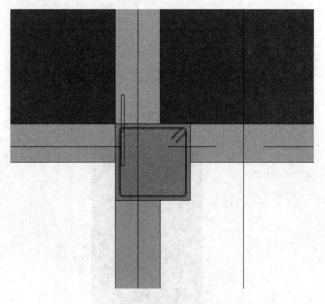

图 4.12　移动纵向钢筋

（5）复制中部纵向钢筋。选择角部纵筋，按 CO 快捷键发出"复制"命令，将角筋复制到 KZ2 的 b 一侧中部，在"属性"面板中，将"钢筋 20 HRB400"类型改为"16 HRB400"类型，并将该中部纵筋复制或者旋转至其他边中部（图中③④⑤处），保证中部纵筋上部弯钩弯向柱内（需要对复制后的图元进行"旋转"操作），如图 4.14 所示。

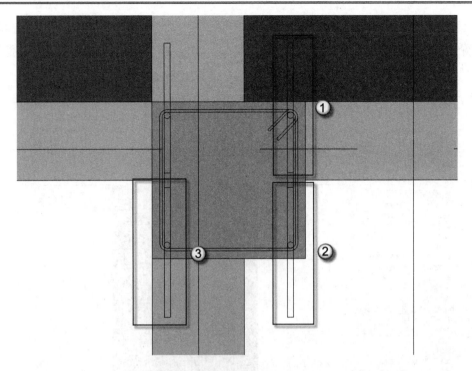

图 4.13　复制纵向钢筋至其余三个角

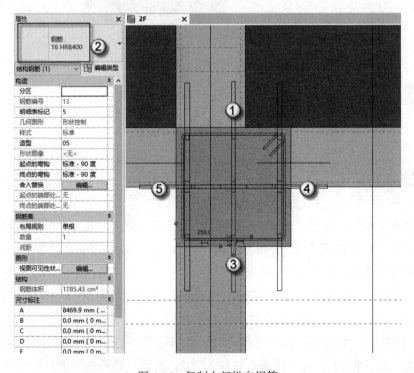

图 4.14　复制中部纵向钢筋

（6）复制柱锚入承台箍筋。在"项目浏览器"面板中，进入 E 视图。按 RP 快捷键发出"参照平面"命令，绘制一条距离承台顶 100mm 的辅助线。选择柱箍筋，按 CO 快捷键发出"复制"命令，将箍筋向下沿垂直方向复制，复制后的箍筋对齐到辅助线。选择复制后的箍筋，在"属性"面板中的"钢筋集"栏中，将"布置规则"设置为"固定数量"，在"数量"栏输入 3，如图 4.15 所示。

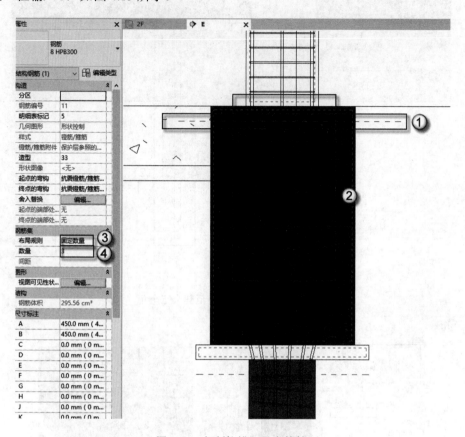

图 4.15　复制柱锚入承台箍筋

4.1.3　拉结筋

拉结钢筋是固定的纵向钢筋，作用是防止在现场施工浇注混凝土时纵筋出现严重错位。KZ2 为 3 肢箍，除了有箍筋外，在 b 与 h 两个方向各有一根拉结筋。

（1）放置拉结筋。在"项目浏览器"面板中，进入 1F 视图，选择 KZ2 图元，按 GJ 快捷键发出"结构钢筋"命令，在"修改 | 创建钢筋草图"界面中，选择"当前工作平面"为放置平面，选择"平行于工作平面"为放置方向，在"属性"面板中，选择"钢筋 8 HPB300"类型，在"造型"栏中选择"02"钢筋形状，在"钢筋集"栏，将"布局规则"设置为"最大间距"，在"间距"栏输入 200，最后拉结筋被放置在图中⑤与⑥两处，如图 4.16 所示。

（2）调整非加密区拉结筋范围。在"项目浏览器"面板中，进入 E 视图，通过拖曳两处造型操纵柄（图中箭头处）将拉结筋设置在非加密区范围内，如图 4.17 所示。

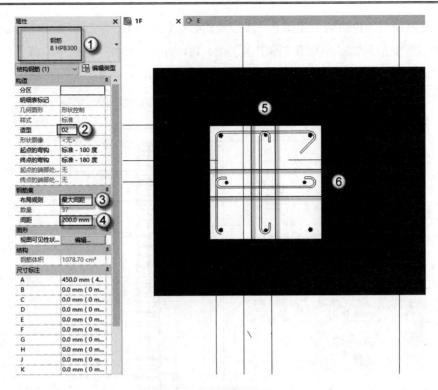

图 4.16　放置拉结筋

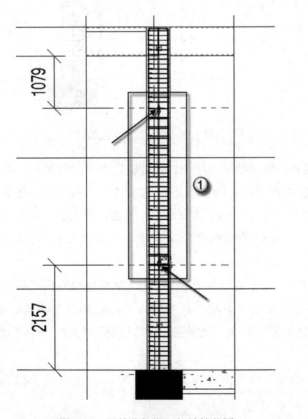

图 4.17　调整非加密区拉结筋范围

（3）复制加密区拉结筋。选择上一步绘制的拉结筋，按 CO 快捷键发出"复制"命令，依次将拉结筋复制到加密区范围（图中①②处）内，并在"属性"面板中，将"布局规则"设置为"最大间距"，在"间距"栏输入 100，如图 4.18 所示。

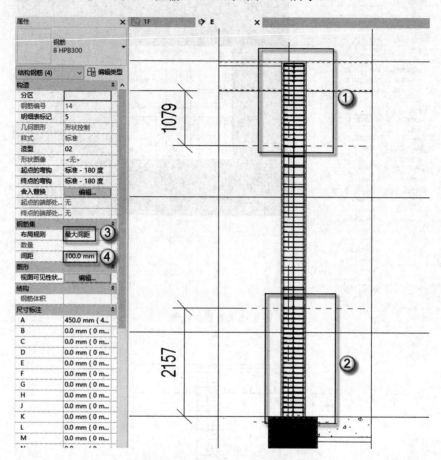

图 4.18　复制加密区拉结筋

（4）复制柱锚入承台拉结筋。按 RP 快捷键发出"参照平面"命令，绘制出一个距离承台顶部 100mm 的参照平面（图中①处）。选择上一步放置的拉结筋，按 CO 快捷键发出"复制"命令，将拉结筋往垂直向下的方向复制到参照平面处，并在"属性"面板"钢筋集"栏的"布置规则"中选择"固定数量"，在"数量"栏输入 3，可以观察到承台生成了 3 组拉结筋（图中④处），如图 4.19 所示。

（5）创建模型组。选择 KZ2 所有钢筋，按 GP 快捷键发出"创建组"命令，在弹出的"创建模型组"对话框中的"名称"栏中输入"KZ2 钢筋"字样，单击"确定"按钮完成操作，如图 4.20 所示。进入三维视图，可以观察到 KZ2 整体钢筋的效果，如图 4.21 所示。

除 KZ2 外，本例中还有 8 个框架柱。其配筋的方法与 KZ2 基本一致，此处不再冗叙。

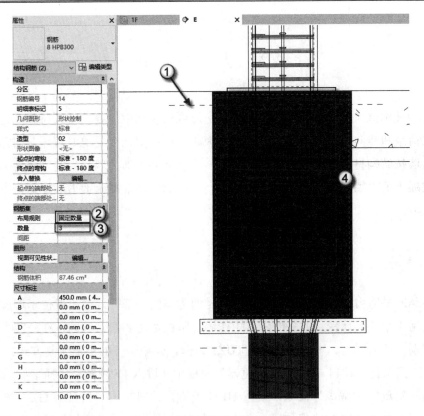

图 4.19　复制柱锚入承台拉结筋

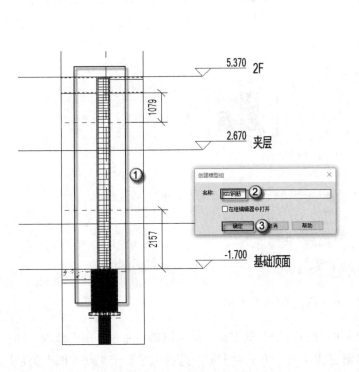

图 4.20　创建模型组

图 4.21　框架柱 KZ2 钢筋三维效果

4.2　剪　力　墙

剪力墙又称抗风墙、抗震墙或结构墙。房屋或构筑物中主要承受风荷载或地震作用引起的水平荷载和竖向荷载（重力）的墙体，因防止结构剪切（受剪）破坏，得名剪力墙。

剪力墙按结构材料可以分为钢板剪力墙、钢筋混凝土剪力墙和配筋砌块剪力墙。其中以钢筋混凝土剪力墙最为常用。本节介绍给已经绘制好的混凝土剪力墙配筋，形成钢筋混凝土剪力墙。

4.2.1　暗柱

暗柱 AZ 是剪力墙中边缘构件的别称，是剪力墙的一部分。其一般位于墙肢平面的边缘，主要用于承载墙体受到的平面内弯矩作用。暗柱宽度和墙身等同，在外观上暗藏于墙中不易辨别，故而得名。本小节以暗柱 GJZ1 为例，介绍暗柱的钢筋绘制方式。

（1）隔离暗柱 GJZ1。在"项目浏览器"面板中，进入 1F 视图，选择暗柱 GJZ1 图元，选择"临时隐藏"|"隔离"命令，或按 HI 快捷键，此时视图中只显示 GJZ1 图元，如图4.22 所示。选择"结构"|"保护层"命令，对 GJZ1 各个面层进行保护层厚度的设置。

🔊注意：隔离暗柱 GJZ1 后，视图中其他图元将被隐藏，而只显示 GJZ1。这样会更加方便配筋的操作。

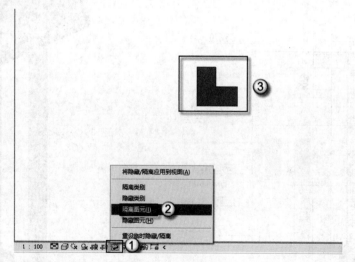

图 4.22　隔离暗柱 GJZ1

（2）放置箍筋。选择 GJZ1 图元，按 GJ 快捷键发出"结构钢筋"命令，在"修改|创建钢筋草图"界面中，选择"当前工作平面"为放置平面，选择"平行于工作平面"为放置方向，在"属性"面板中，选择"钢筋 12 HPB300"类型，在"造型"栏中选择"33"

钢筋形状，在"钢筋集"栏，将"布局规则"设置为"最大间距"，在"间距"栏输入 200，最后箍筋被放置在暗柱 GJZ1 的⑤⑥处，如图 4.23 所示。按 HR 快捷键发出"重设临时隐藏/隔离"命令，显示所有图元。

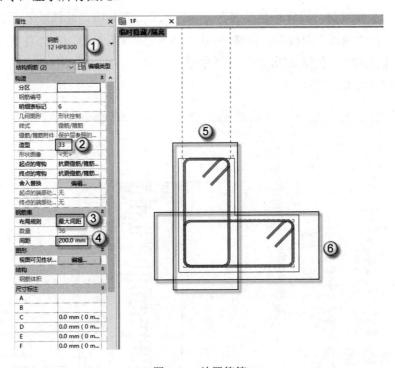

图 4.23　放置箍筋

（3）新建剖面 F。在"快速访问工具栏"中单击"剖面"按钮，设置一个暗柱 GJZ1 下方的剖面，并调整剖视范围，保证只剖切到 GJZ1，如图 4.24 所示。在"项目浏览器"面板中，将"剖面 1"视图重命名为 F，如图 4.25 所示。

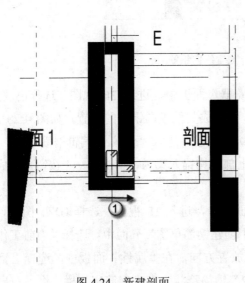

图 4.24　新建剖面

图 4.25　重命名 F 视图

（4）进入剖面 F 视图。在"项目浏览器"面板中，进入剖面 F 视图，设置"详细程度"为"精细"，调整剖切范围框，使暗柱 GJZ1 以及承台全部显示。

（5）放置纵向钢筋。选择 GJZ1 图元，按 GJ 快捷键发出"结构钢筋"命令，在"修改"|"放置钢筋"栏中选择"近保护层参照"为"放置平面"选项，选择"平行于工作平面"为放置方向，在"属性"面板中，选择"钢筋 16 HRB400"类型，在"造型"选择"05"钢筋形状，放置纵筋，如图 4.26 所示。并拖动纵向钢筋下部"造型操纵柄"，使纵筋锚入承台中，如图 4.27 所示。

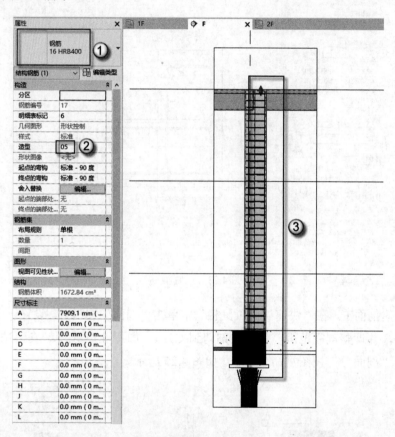

图 4.26　放置纵向钢筋

（6）复制其他纵向钢筋。在"项目浏览器"面板中，进入 2F 视图，选择已放置的纵向钢筋，"复制"与"旋转"命令配合操作，完成其他纵向钢筋的放置，如图 4.28 所示。保证纵筋弯钩弯向柱内，若需修改，双击纵向钢筋，进入"修改 | 编辑钢筋草图"界面，单击"切换弯钩方向"按钮，使纵向钢筋上部弯钩锚入梁内，单击"√"按钮，完成绘制，如图 4.29 所示。

（7）放置拉结筋。在"项目浏览器"面板中，进入 1F 视图，选择 GJZ1 图元，按 GJ 快捷键发出"结构钢筋"命令，在"修改丨创建钢筋草图"界面中，选择"当前工作平面"为放置平面，选择"平行于工作平面"为放置方向，在"属性"面板中，选择"钢筋 12 HPB300"类型，在"造型"栏中选择"02"钢筋形状，在"钢筋集"栏，将"布局规则"

设置为"最大间距"，在"间距"栏输入 200，最后将拉结筋放置在图中⑤⑥⑦⑧处，如图 4.30 所示。

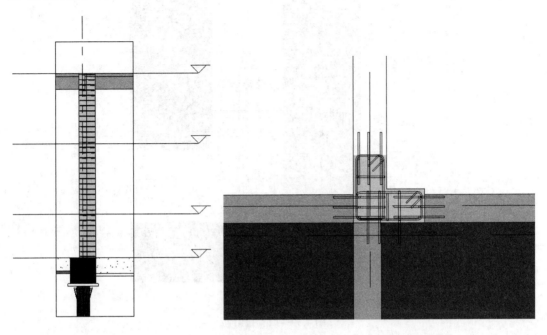

图 4.27　纵筋锚入承台　　　　　　　　　　图 4.28　复制其他纵向钢筋

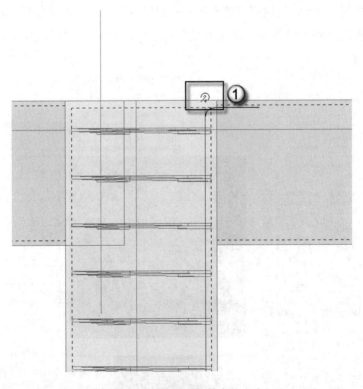

图 4.29　调整纵向钢筋弯钩方向

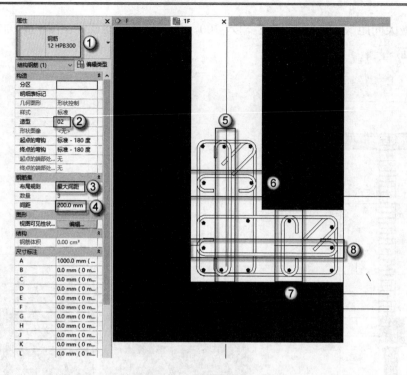

图 4.30　放置拉结筋

（8）放置锚入承台箍筋及拉结筋。在"项目浏览器"面板中，进入 F 剖面视图，按 CO 快捷键发出"复制"命令，复制所有箍筋以及拉结筋进入承台，在"属性"面板中，将"钢筋集"中的"布局规则"设置为"固定数量"，在"数量"栏输入 3，如图 4.31 所示。

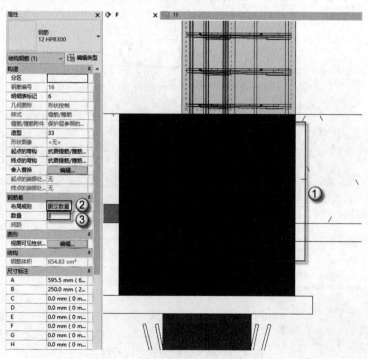

图 4.31　放置锚入承台箍筋及拉结筋

（9）创建模型组。选择暗柱 GJZ1 中所有钢筋，按 GP 快捷键发出"创建组"命令，在弹出的"创建模型组"对话框中的"名称"栏中输入"GJZ1 钢筋"字样，单击"确定"按钮完成操作，如图 4.32 所示。进入三维视图，检查 GJZ1 中所有的钢筋，如图 4.33 所示。

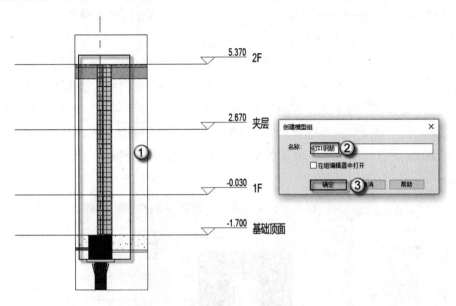

图 4.32　创建模型组

图 4.33　暗柱钢筋三维效果

4.2.2　墙身 Q

本小节以剪力墙 Q1 为例，介绍剪力墙的钢筋绘制方式。Q1 在数字轴 2 上，两端分别是两个暗柱，一个是已经完成配筋的 GJZ1，一个是 GAZ1。

（1）放置水平分布筋。在"项目浏览器"面板中，进入 1F 视图，选择 Q1 图元，按 GJ 快捷键发出"结构钢筋"命令，在"修改｜创建钢筋草图"界面中，选择"当前工作平面"为放置平面，选择"平行于工作平面"为放置方向，在"属性"面板中，选择"钢筋 12 HPB300"类型，在"造型"栏中选择"05"钢筋形状，在"钢筋集"栏，将"布局规则"设置为"最大间距"，在"间距"栏输入 200，最后拉结筋放置在图中剪力墙中的⑤处，如图 4.34 所示。

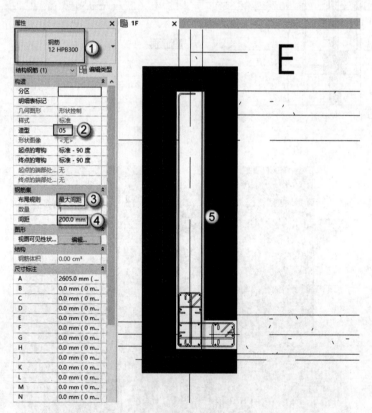

图 4.34　放置水平分布筋

（2）放置垂直分布筋。在"项目浏览器"面板中，进入 2F 视图，选择 Q1 图元，按 GJ 快捷键发出"结构钢筋"命令，在"修改｜创建钢筋草图"界面中，选择"近保护层参照"为放置平面，选择"垂直于保护层"为放置方向，在"属性"面板中，选择"钢筋 12 HPB300"类型，在"造型"栏中选择"05"钢筋形状，在"钢筋集"栏，将"布局规则"设置为"最大间距"，在"间距"栏输入 200，最后拉结筋放置在图中剪力墙中，如图 4.35 所示。

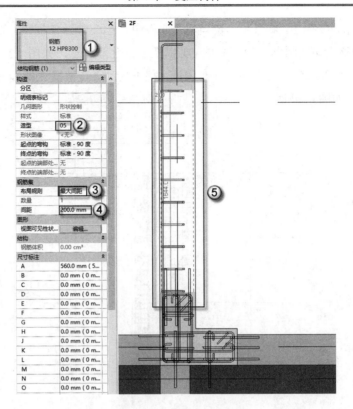

图 4.35 放置垂直分布筋

（3）新建剖面 G。在"快速访问工具栏"中单击"剖面"按钮，设置一个剪力墙 Q1 左侧的剖面，并调整剖视范围，保证只剖切到剪力墙 Q1，如图 4.36 所示。在"项目浏览器"面板中，将"剖面 1"视图重命名为 G，如图 4.37 所示。

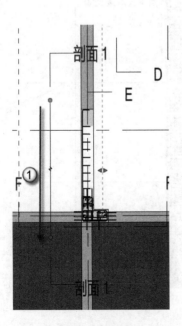

图 4.36 新建剖面

图 4.37 重命名 G 视图

（4）进入剖面 G 视图。在"项目浏览器"面板中，进入剖面 G 视图，设置"详细程度"为"精细"，调整剖切范围框，使剪力墙 Q1 以及承台全部显示，如图 4.38 所示。

（5）分布筋锚入承台。依次选择分布钢筋，往下拖动"造型操纵柄"，使剪力墙分布钢筋锚入承台内，如图 4.39 所示。

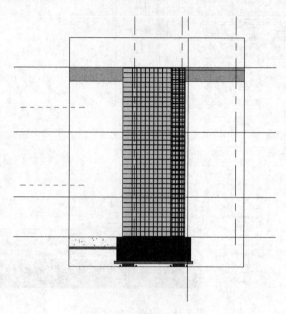

图 4.38 进入剖面 G 视图

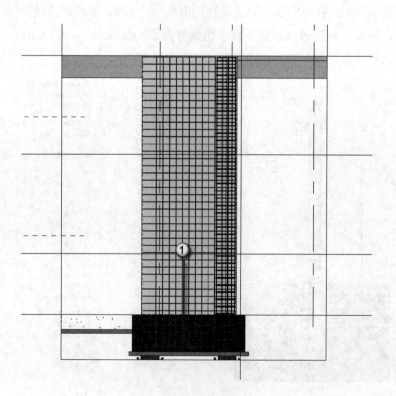

图 4.39 分布筋锚入承台

（6）镜像分布筋。在"项目浏览器"面板中，进入 1F 视图，选择水平分布筋和垂直分布筋（图中①处），以剪力墙中线为对称轴（图中②处），按 MM 快捷键发出"有轴镜像"命令，将分布筋镜像到另一侧（图中③处），如图 4.40 所示。

（7）放置拉结筋。在"项目浏览器"面板中，进入 1F 视图，选择 Q1 图元，按 GJ 快捷键发出"结构钢筋"命令，在"修改｜创建钢筋草图"界面中，选择"当前工作平面"为放置平面，选择"平行于工作平面"为放置方向，在"属性"面板中，选择"钢筋 6 HPB300"类型，在"造型"栏中选择"02"钢筋形状，在"钢筋集"栏，将"布局规则"设置为"单根"，最后将拉结筋放置在剪力墙中，如图 4.41 所示。

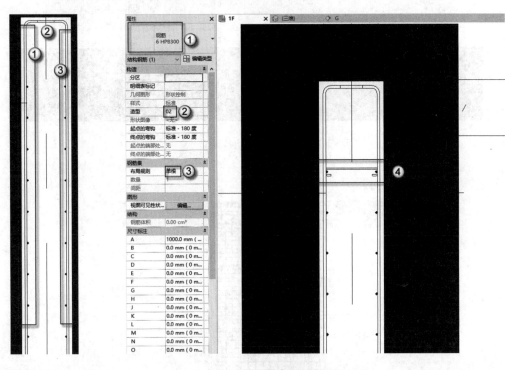

图 4.40　镜像分布筋　　　　　　　　图 4.41　放置拉结筋

（8）移动拉结筋。在"项目浏览器"面板中，进入剖面 G 视图，选择上一步放置的拉结筋，按 MV 快捷键发出"移动"命令，将拉结筋移至承台顶上第二排水平分布筋与竖向分布筋交点处（图中①处），最后将拉结筋旋转 45°，如图 4.42 所示。

（9）布置拉结筋。选择拉结筋，按 CO 快捷键发出"复制"命令，在"修改｜结构钢筋"栏，勾选"多个"复选框，按间距 600mm"梅花形"依次将拉结筋布置在指定位置（图中①②③④⑤⑥处），如图 4.43 所示。

🔔注意：由于篇幅有限，图 4.43 仅展示部分拉结筋的布置，请读者按要求将整个剪力墙拉结筋布置完成。

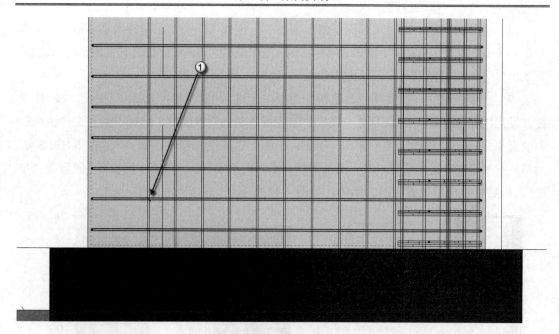

图 4.42　移动拉结筋

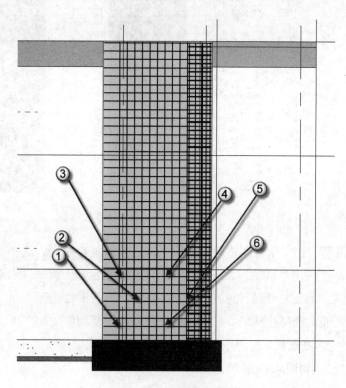

图 4.43　布置拉结筋

（10）创建模型组。选择剪力墙 Q1 所有钢筋，按 GP 快捷键发出"创建组"命令，在弹出的"创建模型组"对话框中的"名称"栏中输入"剪力墙 Q1 钢筋"字样，单击"确定"按钮完成操作，如图 4.44 所示。进入三维视图，检查墙身 Q1 的全部钢筋，如图 4.45 所示。

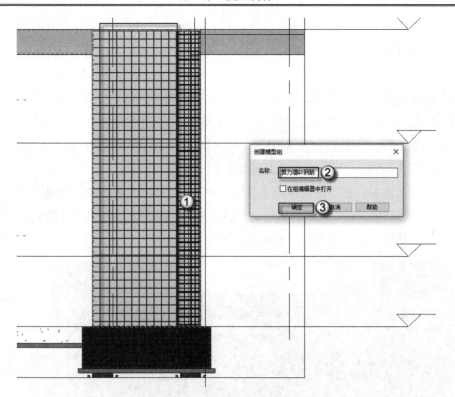

图 4.44　创建模型组

图 4.45　剪力墙 Q1 钢筋三维效果

4.2.3　剪力墙连梁 LL

剪力墙连梁是墙而不是梁，混凝土的等级与配筋皆应以墙的方式来设置（不应以梁的方式来设置）。剪力墙开洞之后，洞口上部的构件像梁，因而得名"剪力墙连梁"，用 LL 表示。本小节以剪力墙连梁 LL1 为例，介绍连梁 LL1 的钢筋绘制方式。LL1 在字母轴 D 上，一端暗柱是 GYZ2，另一端暗柱是 GJZ3。

（1）新建剖面 H。在"快速访问工具栏"中单击"剖面"按钮 ，设置一个穿过 LL1 的剖面，并调整剖视范围，保证只剖切到 LL1，如图 4.46 所示。在"项目浏览器"面板中，将"剖面 1"视图重命名为 H，如图 4.47 所示。

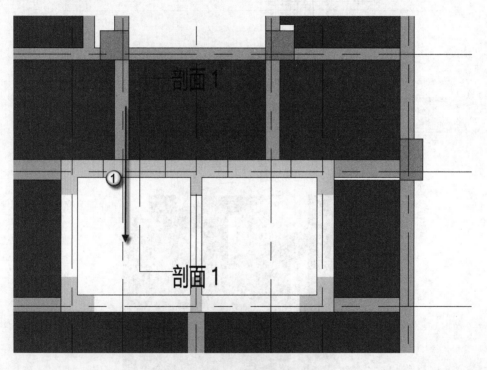

图 4.46　新建剖面

（2）进入剖面 H 视图。在"项目浏览器"面板中，进入剖面 H 视图，设置"详细程度"为"精细"，调整剖切范围框，使 LL1 全部显示，如图 4.48 所示。

（3）放置箍筋。选择"结构"|"保护层"命令，对 LL1 各面进行保护层厚度设置。选择 LL1 图元，按 GJ 快捷键发出"结构钢筋"命令，在"修改 | 创建钢筋草图"界面中，选择"当前工作平面"为放置平面，选择"平行于工作平面"为放置方向，在"属性"面板中，选择"钢筋 8 HPB300"类型，在"造型"栏中选择"33"钢筋形状，在"钢筋集"栏，将"布局规则"设置为"最大间距"，在"间距"栏输入 100，最后将箍筋放置在连梁 LL1 中，如图 4.49 所示。

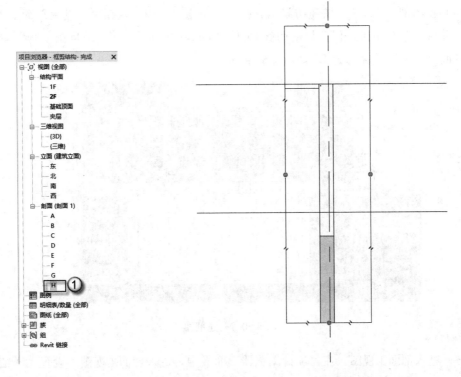

图 4.47　重命名 H 视图　　　　　　　　　图 4.48　调整剖切范围框

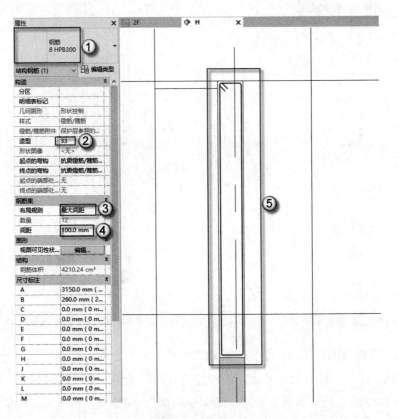

图 4.49　放置箍筋

（4）新建剖面 I。在"快速访问工具栏"中单击"剖面"按钮，设置平行于 LL1 的剖面，并调整剖视范围，保证只剖切到 LL1，如图 4.50 所示。在"项目浏览器"面板中，将"剖面 1"视图重命名为 I，如图 4.51 所示。

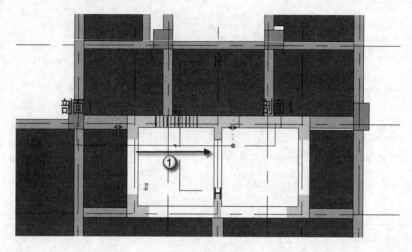

图 4.50　新建剖面

（5）进入剖面 I 视图。在"项目浏览器"面板中，进入剖面 I 视图，设置"详细程度"为"精细"，调整剖切范围框，使 LL1 全部显示，如图 4.52 所示。

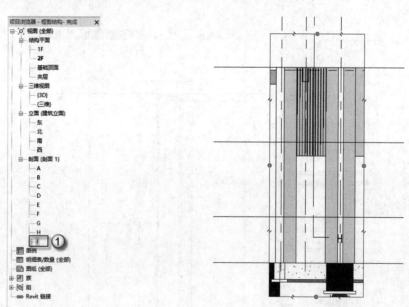

图 4.51　重命名 I 视图　　　　　　　　　　图 4.52　调整剖切范围框

（6）调整箍筋范围。按 RP 快捷键发出"参照平面"命令，沿洞口竖向绘制一条距离洞口边 50mm（图中①处）的辅助线，沿同样的方向，绘制一条距离洞口另一侧 50mm 的辅助线（图中②处）。选择箍筋，拖动"造型操纵柄"，调整箍筋范围，使其位于两条辅助线内，如图 4.53 所示。

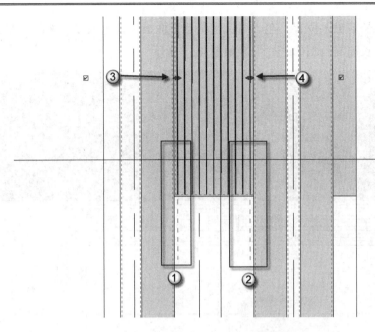

图 4.53　调整箍筋范围

（7）放置通长筋。选择 LL1 图元，按 GJ 快捷键发出"结构钢筋"命令，在"修改｜创建钢筋草图"界面中，选择"近保护层参照"为放置平面，选择"平行于工作平面"为放置方向，在"属性"面板中，选择"钢筋 25 HRB400"类型，在"造型"栏中选择"05"钢筋形状，在"钢筋集"栏，将"布局规则"设置为"固定数量"，在"数量"栏输入 4，将通长筋放置近 LL1 中，如图 4.54 所示。

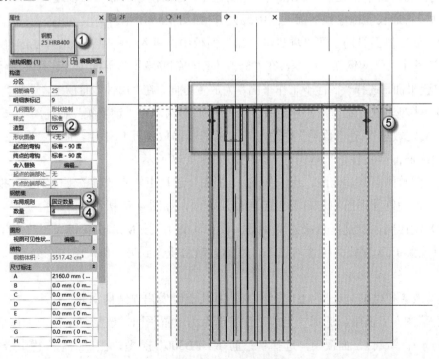

图 4.54　放置通长筋

（8）调整上部通长筋锚入位置。在"项目浏览器"面板中，进入 2F 视图，通过拖动"造型操纵柄"，使通长筋锚入相邻暗柱内，如图 4.55 所示。

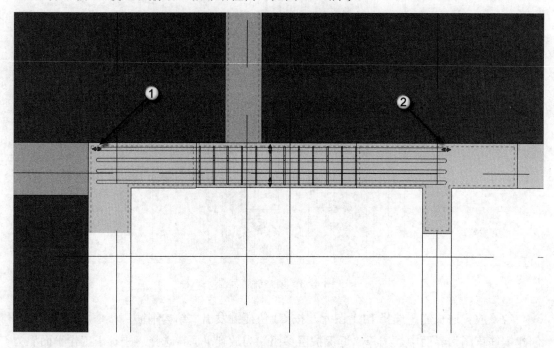

图 4.55　调整通长筋锚入位置

（9）布置下部通长筋。在"项目浏览器"面板中，进入 I 视图，选择上一步布置的 4 根上部通长筋（图中①处），按 MM 快捷键发出"有轴镜像"命令，以连梁 LL1 中线为镜像对称轴，将通长筋镜像到下部（图中②处），如图 4.56 所示。

（10）放置侧面纵筋。在"项目浏览器"面板中，进入 2F 视图，选择 LL1 图元，按 GJ 快捷键发出"结构钢筋"命令，在"修改｜创建钢筋草图"界面中，选择"近保护层参照"为放置平面，选择"平行于工作平面"为放置方向，在"属性"面板中，选择"钢筋 12 HRB400"类型，在"造型"栏中选择"05"钢筋形状，在"钢筋集"栏，将"布局规则"设置为"固定数量"，在"数量"栏输入 15，将通长筋放置近 LL1 中，拖动"造型操纵柄"，保证侧面纵筋伸至暗柱，且弯钩弯向内侧，如图 4.57 所示。

（11）调整侧面钢筋范围。进入剖面 H 视图，选择上一步放置的侧面钢筋，拖动"造型操纵柄"，使侧面钢筋均匀布置在连梁 LL1 侧面，如图 4.58 所示。

（12）镜像侧面钢筋。选择左侧钢筋（图中①处），按 MM 快捷键发出"有轴镜像"命令，以连梁 LL1 中线为镜像对称轴，将侧面钢筋镜像到另一侧（图中②处），如图 4.59 所示。

（13）放置拉结筋。选择 LL1 图元，按 GJ 快捷键发出"结构钢筋"命令，在"修改｜创建钢筋草图"界面中，选择"当前工作平面"为放置平面，选择"平行于工作平面"为放置方向，在"属性"面板中，选择"钢筋 8 HPB300"类型，在"造型"栏中选择"02"钢筋形状，在"钢筋集"栏，将"布局规则"设置为"最大间距"，在"间距"栏输入 400，将拉结筋沿竖向间隔布置（即每布置一个就空一个）在连梁 LL1 中，如图 4.60 所示。

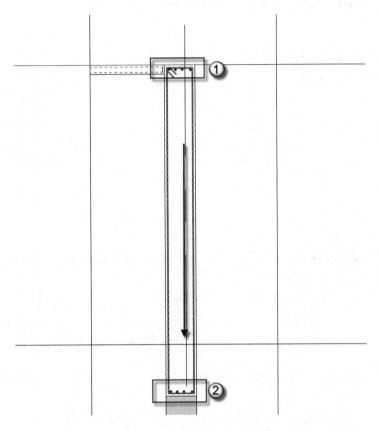

图 4.56　布置下部通长筋

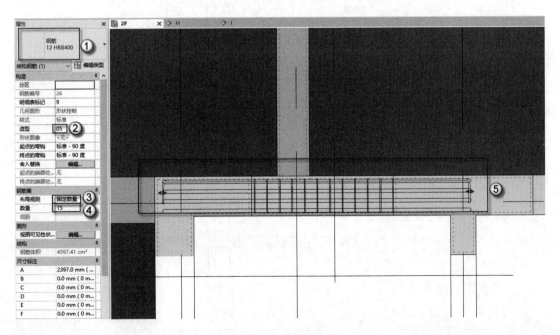

图 4.57　放置侧面钢筋

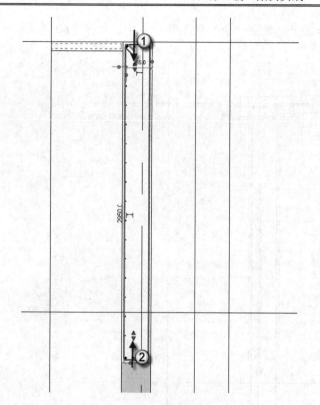

图 4.58 调整侧面钢筋范围

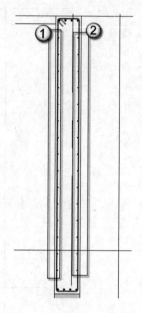

图 4.59 镜像侧面钢筋

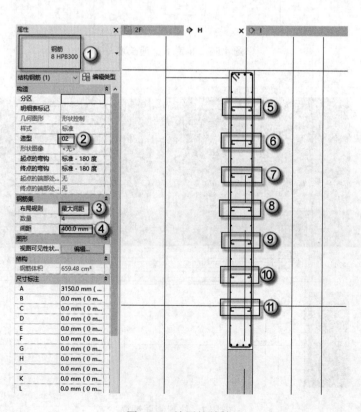

图 4.60 放置拉结筋

（14）创建模型组。选择连梁 LL1 所有钢筋，按 GP 快捷键发出"创建组"命令，在弹出的"创建模型组"对话框中的"名称"栏中输入"连梁 LL1 钢筋"字样，单击"确定"按钮完成操作，如图 4.61 所示。进入三维视图，检查 LL1 的全部钢筋，如图 4.62 所示。

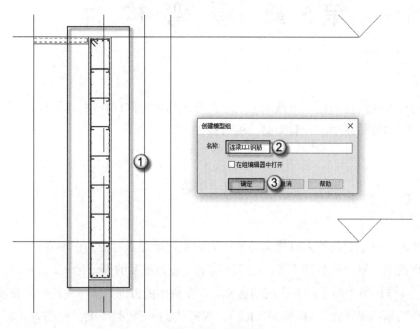

图 4.61　创建模型组

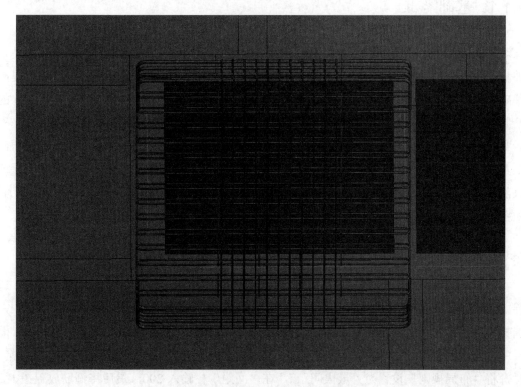

图 4.62　连梁 LL1 钢筋三维效果

第5章 受弯构件

受弯构件又叫抗弯构件，指截面上通常由弯矩和剪力共同作用，并且轴力忽略不计的构件。在框架结构体系中，一般为梁、板等构件。

5.1　梁

梁构件的支座承受的外力以横向力和剪力为主，梁是以弯曲为主要变形的构件。梁承托着建筑物构架及屋面的全部重量，是建筑构架中最为重要的部分之一。梁依据具体位置、详细形状、具体作用等的不同有不同的名称。大多数梁的方向，都与建筑物的横断面一致。

本节介绍基础梁（JL）、框架梁（KL）、次梁（L）三种类型梁的配筋方式。

5.1.1　基础梁 JL

基础梁指的是在地基土层上的梁。其作用是将柱子、独立基础连接成一个整体，使基础形成较稳定的结构体系。一般情况下，独立基础的两个方向都会设基础梁，既可以提高基础整体性，也可以用来承担底层的墙体。本小节以基础梁 JL2 为例，介绍基础梁钢筋的绘制方式。

（1）新建剖面 J。在"项目浏览器"面板中，进入"基础顶面"视图，在"快速访问工具栏"中单击"剖面"按钮 ，设置一个垂直穿过 JL2 的剖面，并调整剖视范围，保证只剖切到 JL2，如图 5.1 所示。在"项目浏览器"面板中，将"剖面 1"视图重命名为 J，如图 5.2 所示。

（2）进入剖面 J 视图。在"项目浏览器"面板中，进入剖面 J 视图，设置"详细程度"为"精细"，调整剖切范围框，使基础梁 JL2 全部显示，如图 5.3 所示。

（3）放置箍筋。选择"结构"|"保护层"命令，对 JL2 各面进行保护层厚度设置。选择 JL2 图元，按 GJ 快捷键发出"结构钢筋"命令，在"修改|创建钢筋草图"界面中，选择"当前工作平面"为放置平面，选择"平行于工作平面"为放置方向，在"属性"面板中，选择"钢筋 8 HPB300"类型，在"造型"栏中选择"33"钢筋形状，在"钢筋集"栏，将"布局规则"设置为"最大间距"，在"间距"栏输入 200，最后将箍筋放置在 JL2 中，如图 5.4 所示。

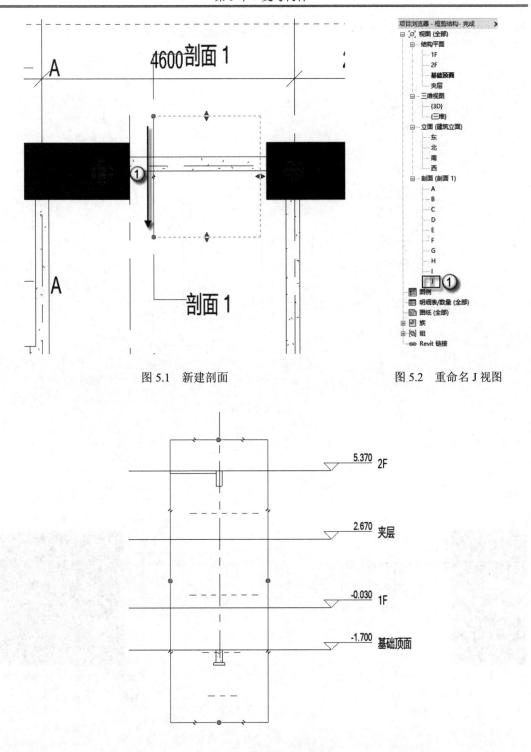

图 5.1　新建剖面　　　　　　　　　　　图 5.2　重命名 J 视图

图 5.3　调整剖切范围框

（4）调整 JL2 箍筋范围。在"项目浏览器"面板中，进入"基础顶面"视图，按 RP 快捷键发出"参照平面"命令，竖向绘制一条距离承台 CT5 边 50mm 的辅助线（图中①处），用同样的方法，竖向绘制一条距离承台 CT8 边 50mm 的辅助线（图中②处），选择箍筋，拖动"造型操纵柄",调整箍筋范围,使其位于两条辅助线内,如图 5.5 所示。

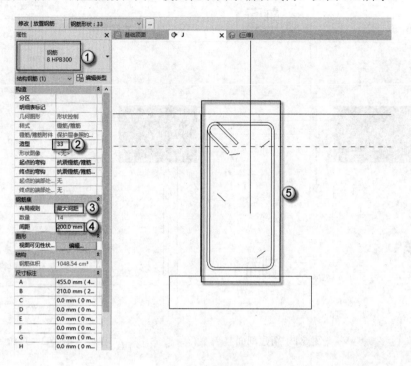

图 5.4   放置箍筋

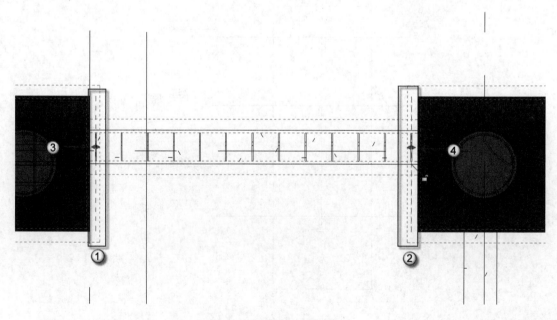

图 5.5   调整 JL2 箍筋范围

(5)放置顶部通长筋。在"项目浏览器"面板中,进入剖面 J 视图。选择 JL2 图元,按 GJ 快捷键发出"结构钢筋"命令,在"修改|创建钢筋草图"界面中,选择"当前工作平面"为放置平面,选择"垂直于保护层"为放置方向,在"属性"面板中,选择"钢

筋 18 HRB400"类型，在"造型"栏中选择"01"钢筋形状，在"钢筋集"栏，将"布局规则"设置为"单根"，放置两根顶部通长筋（本视图中的形状为圆点），如图 5.6 所示。

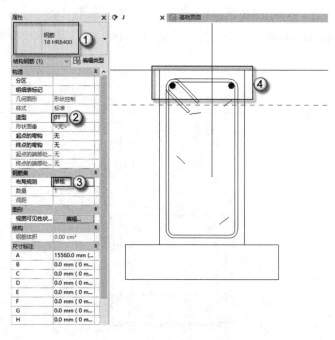

图 5.6　放置顶部通长筋

（6）调整通长筋锚固长度。在"项目浏览器"面板中，进入"基础顶面"视图，按 RP 快捷键发出"参照平面"命令，竖向绘制一条距离承台 CT5 边 666mm 的辅助线（图中①处），用同样的方法，竖向绘制一条距离承台 CT8 边 666mm 的辅助线（图中②处），依次选择通长筋，拖动"造型操纵柄"，调整通长筋两端在辅助线内，如图 5.7 所示。

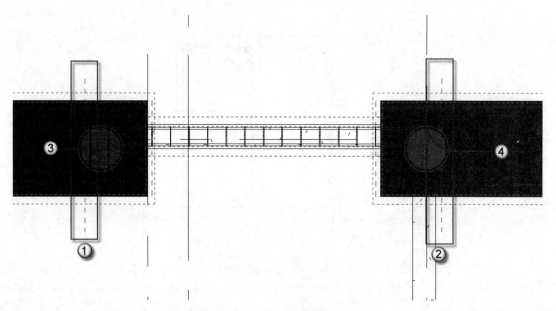

图 5.7　调整通长筋锚固长度

（7）复制底部通长筋与构造筋。在"项目浏览器"面板中，进入剖面 J 视图，选择上部通长筋，按 CO 快捷键发出"复制"命令，将上部通长筋复制到基础梁中部（图中①处）以及底部（图中②处），如图 5.8 所示。选择两根中部通长筋（图中①处），在"属性"面板中，将"钢筋 18 HRB400"类型改为"钢筋 10 HRB400"类型（图中②处），如图 5.9 所示。

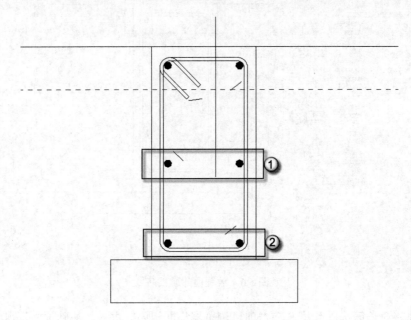

图 5.8　复制通长筋

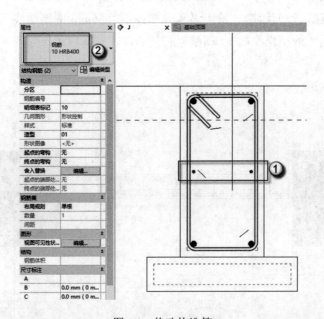

图 5.9　修改构造筋

注意：中部通长筋因为受力原因，直径比上部、下部钢筋要小，所以也称为构造筋。

（8）放置拉结筋。选择 JL2 图元，按 GJ 快捷键发出"结构钢筋"命令，在"修改｜创建钢筋草图"界面中，选择"当前工作平面"为放置平面，选择"平行于工作平面"为放置方向，在"属性"面板中，选择"钢筋 8 HPB300"类型，在"造型"栏中选择"02"钢筋形状，在"钢筋集"栏，将"布局规则"设置为"最大间距"，在"间距"栏中输入 600，最后将拉结筋放置在基础梁 JL2 中，用拉结筋拉住两根构造筋（图中⑤处），如图 5.10 所示。

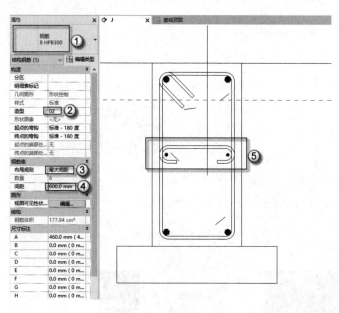

图 5.10　放置拉结筋

（9）调整 JL2 拉结筋范围。在"项目浏览器"面板中，进入"基础顶面"视图。选择拉结筋，拖动"造型操纵柄"，调整拉结筋范围，使其位于两条辅助线内，如图 5.11 所示。

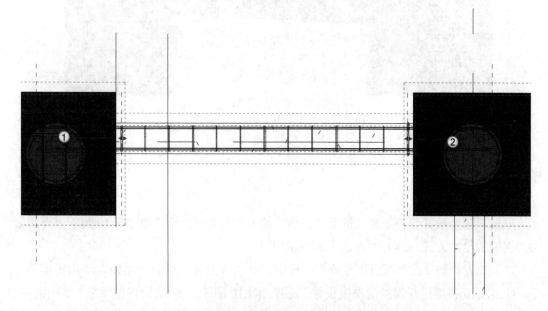

图 5.11　调整 JL2 拉结筋范围

（10）创建模型组。在"项目浏览器"面板中，进入 J 视图，选择基础梁 JL2 所有钢筋，按 GP 快捷键发出"创建组"命令，在弹出的"创建模型组"对话框中的"名称"栏中输入"基础梁 JL2 钢筋"字样，单击"确定"按钮完成操作，如图 5.12 所示。进入三维视图，检查 JL2 钢筋，如图 5.13 所示。

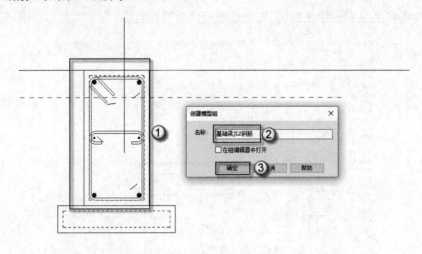

图 5.12　创建模型组

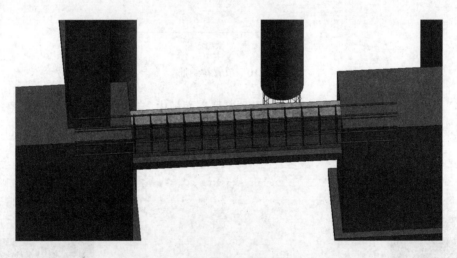

图 5.13　基础梁 JL2 钢筋三维效果

5.1.2　框架梁 KL

框架梁指两端挂载在支座（框架柱、剪力墙）上的梁。本小节以 2KL10 为例，介绍框架梁钢筋的绘制方式，2KL10 位于字母轴 K 上。

（1）放置箍筋。在"项目浏览器"面板中，进入 A 视图，选择"结构"|"保护层"命令，对 2KL10 各面进行保护层厚度设置。选择 2KL10 图元，按 GJ 快捷键发出"结构钢筋"命令，在"修改 | 创建钢筋草图"界面中，选择"当前工作平面"为放置平面，选择"平

行于工作平面"为放置方向，在"属性"面板中，选择"钢筋 8 HPB300"类型，在"造型"栏中选择"33"钢筋形状，在"钢筋集"栏，将"布局规则"设置为"最大间距"，在"间距"栏输入 100，最后箍筋放置在 2KL10 中，如图 5.14 所示。

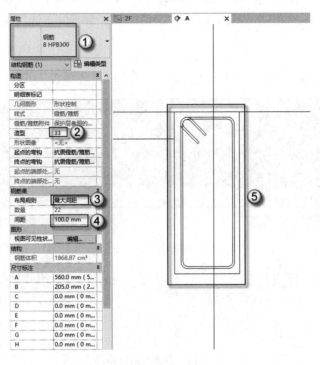

图 5.14 放置箍筋

（2）设置加密区范围。2KL10 为一道 6 跨的连续框架梁，本小节以其中一跨为例，介绍加密区与非加密区的设置。在"项目浏览器"面板中，进入 2F 视图，按 RP 快捷键发出"参照平面"命令，依次在①②两柱子的旁边绘制距离柱边 900mm 的两条辅助线（图中③④处），如图 5.15 所示。

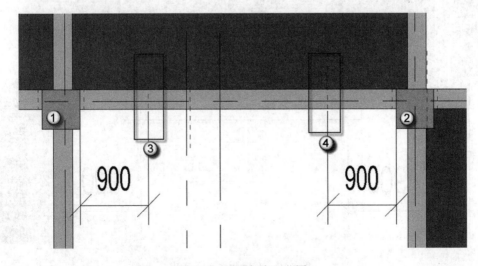

图 5.15 设置加密区范围

🔔注意：若抗震等级为一级，则框架梁加密区范围为：≥2 倍梁高，且≥500mm；若抗震等级为二～四级，则框架梁加密区范围为：≥1.5 倍梁高，且≥500mm。

（3）布置加密区箍筋。选择放置的箍筋，按 CO 快捷键发出"复制"命令，依次将箍筋复制到加密区，配合拖动"造型操纵柄"，使加密区钢筋仅布置在加密区范围内，如图 5.16 所示。

🔔注意：框架梁箍筋均需距离柱边 50mm。

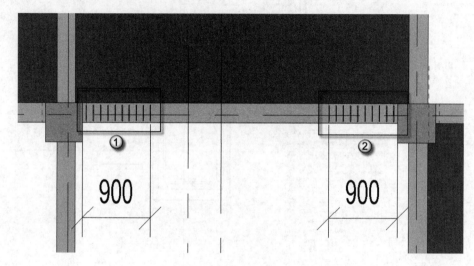

图 5.16　布置加密区箍筋

（4）布置非加密区箍筋。选择放置的箍筋，按 CO 快捷键发出"复制"命令，依次将箍筋复制到非加密区，配合拖动"造型操纵柄"，使复制后的箍筋仅布置在非加密区范围内（图中①处），如图 5.17 所示。在"属性"面板中，在"钢筋集"栏的"间距"栏中输入 150，用同样的方法，放置其他跨的加密区与非加密区箍筋。

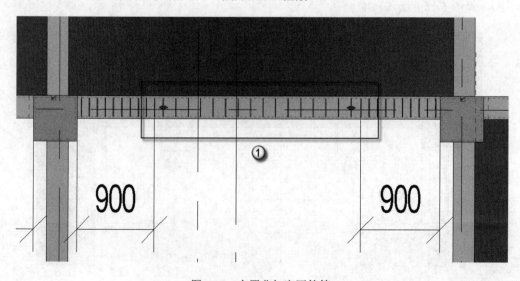

图 5.17　布置非加密区箍筋

（5）新建剖面 K。在"快速访问工具栏"中单击"剖面"按钮⬦，设置一个平行于框架梁 2KL10 的剖面，并调整剖视范围，保证只剖切到框架梁 KL12 与柱，如图 5.18 所示。在"项目浏览器"面板中，将"剖面 1"视图重命名为 K，如图 5.19 所示。

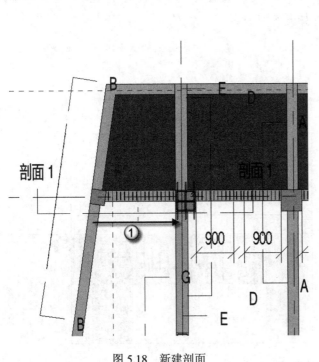

图 5.18 新建剖面 　　　　　　　　　　　图 5.19 重命名 K 视图

（6）进入剖面 K 视图。在"项目浏览器"面板中，进入 K 剖面视图，设置"详细程度"为"精细"，调整剖切范围框，使框架梁 2KL10 与柱全部显示，如图 5.20 所示。

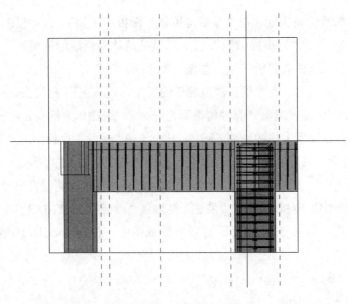

图 5.20 进入剖面 K

（7）放置上部通长筋。选择 2KL10 图元，按 GJ 快捷键发出"结构钢筋"命令，在"修改｜创建钢筋草图"界面中，选择"近保护层参照"为放置平面，选择"平行于工作平面"为放置方向，在"属性"面板中，选择"钢筋 16 HRB400"类型，在"造型"栏中选择"05"钢筋形状，在"钢筋集"栏，将"布局规则"设置为"固定数量"，在"数量"栏输入 2，将上部通长筋放置在 2KL10 中，如图 5.21 所示。

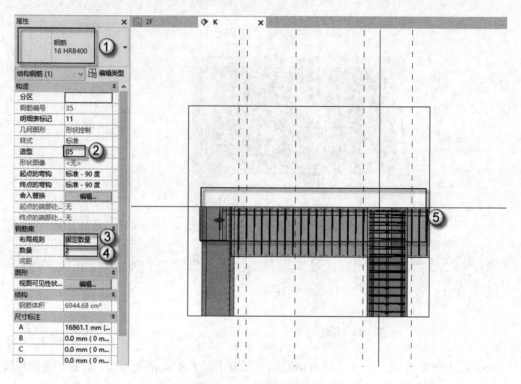

图 5.21　放置上部通长筋

（8）调整上部通长筋长度。在"项目浏览器"面板中，进入 2F 视图，选择已放置的框架梁上部通长筋，拖动"造型操纵柄"，将上部通长筋伸入两端的框架柱中（图中①②处），保证通长筋锚固进入柱内有足够长度，如图 5.22 所示。

（9）布置下部通长筋。在"项目浏览器"面板中，进入剖面 K 视图，选择已放置的上部通长筋，按 MM 快捷键发出"有轴镜像"命令，以 2KL10 中线为镜像轴，将上部通长筋镜像到下部，选择镜像生成的钢筋（图中①处），在"属性"面板中的"钢筋集"栏，将"布局规则"设置为"固定数量"，在"数量"栏输入 3，如图 5.23 所示。

（10）创建模型组。选择框架梁 2KL10 所有钢筋，按 GP 快捷键发出"创建组"命令，在弹出的"创建模型组"对话框中的"名称"栏输入"框架梁 2KL10 钢筋"字样，单击"确定"按钮完成操作，如图 5.24 所示。进入三维视图中，检查 2KL10 的钢筋，如图 5.25 所示。

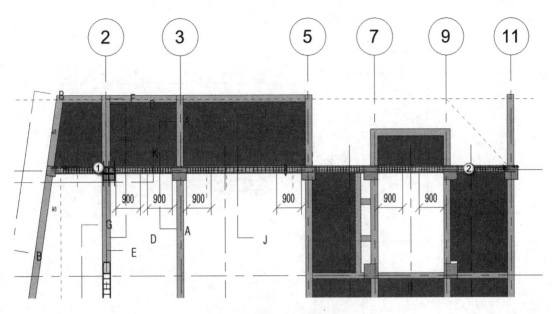

图 5.22　调整上部通长筋长度

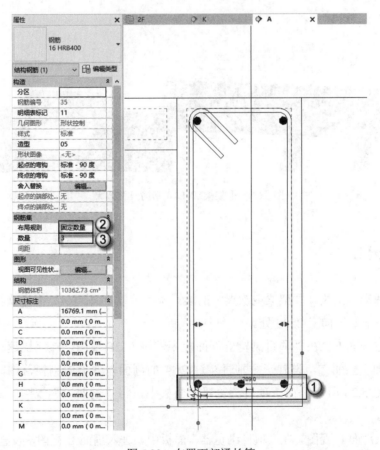

图 5.23　布置下部通长筋

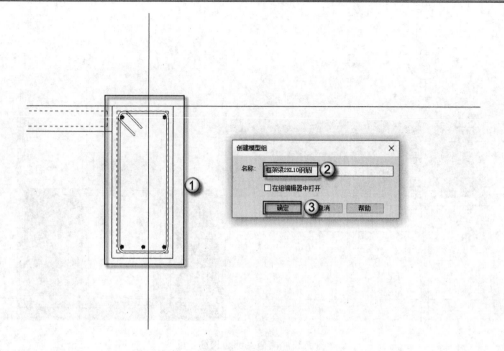

图 5.24 创建模型组

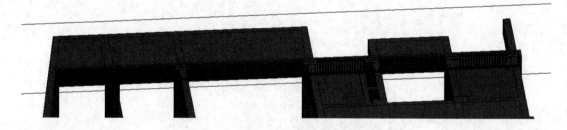

图 5.25 框架梁 2KL10 钢筋三维效果

5.1.3 次梁 L

次梁为两端连接梁（框架梁或次梁）的梁。本小节以 2L4 为例，介绍次梁钢筋的绘制方式，2L4 位于 F 轴向上 2500 处。

（1）新建剖面 L。在"项目浏览器"面板中，进入 2F 视图，在"快速访问工具栏"中单击"剖面"按钮 ，设置一个垂直穿过 2L4 的剖面，并调整剖视范围，保证只剖切到 2L4，如图 5.26 所示。在"项目浏览器"面板中，将"剖面 1"视图重命名为 L，如图 5.27 所示。

（2）进入剖面 L 视图。在"项目浏览器"面板中，进入剖面 L 视图，设置"详细程度"为"精细"，调整剖切范围框，使次梁 2L4 全部显示，如图 5.28 所示。

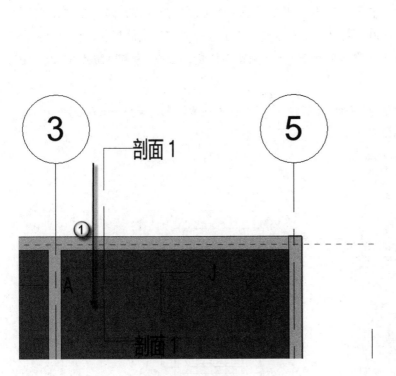

图 5.26　新建剖面

图 5.27　重命名 L 视图

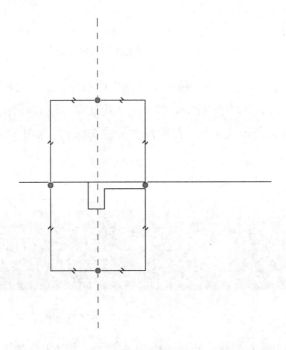

图 5.28　进入剖面 L 视图

（3）放置箍筋。选择"结构"|"保护层"命令，对次梁 2L4 各面进行保护层厚度设置。

选择 2L4 图元，按 GJ 快捷键发出"结构钢筋"命令，在"修改 | 创建钢筋草图"界面中，选择"当前工作平面"为放置平面，选择"平行于工作平面"为放置方向，在"属性"面板中，选择"钢筋 8 HPB300"类型，在"造型"栏中选择"33"钢筋形状，在"钢筋集"栏，将"布局规则"设置为"最大间距"，在"间距"栏输入 200，将箍筋放置在 2L4 中，如图 5.29 所示。

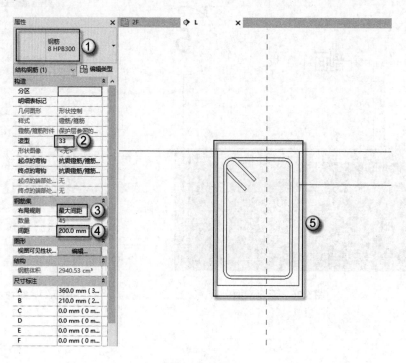

图 5.29　放置箍筋

（4）布置箍筋范围。在"项目浏览器"面板中，进入 2F 视图。选择已放置的箍筋，按 CO 快捷键发出"复制"命令，2L4 有 3 跨（即 3 段），依次将箍筋复制到各段中（图中①②③处），保持每段次梁的箍筋距离主梁边 50mm，如图 5.30 所示。

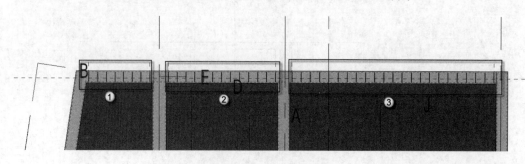

图 5.30　布置箍筋范围

（5）布置次梁上部通长筋。选择 2L4 图元，按 GJ 快捷键发出"结构钢筋"命令，在"修改 | 创建钢筋草图"界面中，选择"近保护层参照"为放置平面，选择"平行于工作平面"为放置方向，在"属性"面板中，选择"钢筋 14 HRB400"类型，在"造型"栏中选

择"05"钢筋形状,在"钢筋集"栏,将"布局规则"设置为"单根",依次将上部通长筋放置在次梁 2L4 中,如图 5.31 所示。

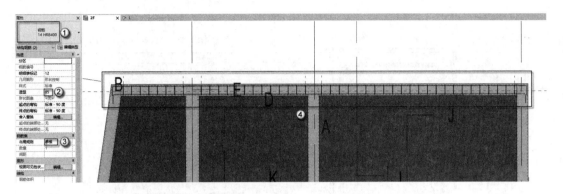

图 5.31　布置次梁上部通长筋

（6）布置次梁下部通长筋。在"项目浏览器"面板中,进入剖面 L 视图。选择 2L4 图元,按 GJ 快捷键发出"结构钢筋"命令,在"修改｜创建钢筋草图"界面中,选择"当前工作平面"为放置平面,选择"垂直于保护层"为放置方向,在"属性"面板中,选择"钢筋 16 HRB400"类型,在"造型"栏中选择"01"钢筋形状,在"钢筋集"栏,将"布局规则"设置为"固定数量",在"数量"栏输入 3,将下部通长筋放置在次梁 2L4 中,如图 5.32 所示。

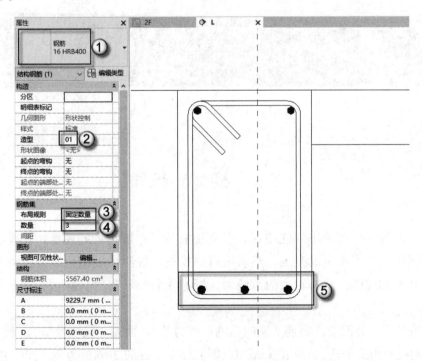

图 5.32　布置次梁下部通长筋

（7）创建模型组。选择框架梁 2L4 所有钢筋,按 GP 快捷键发出"创建组"命令,在弹出的"创建模型组"对话框中的"名称"栏输入"次梁 2L4 钢筋"字样,单击"确定"按钮完成操作,如图 5.33 所示。进入三维视图,检查 2L4 钢筋,如图 5.34 所示。

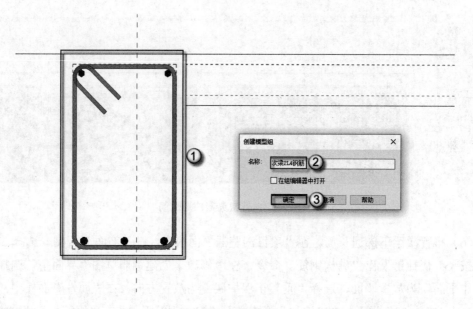

图 5.33 　 创建模型组

图 5.34 　 次梁 2L4 钢筋三维效果

5.2 　 楼 　 　 板

现在一般的楼房都采用现浇楼板。现浇楼板是指在现场搭好模板,在模板上安装好钢筋,再在模板上浇筑混凝土,然后再拆除模板。现浇楼板比预制楼板更能增强房屋的整体性及抗震性,具有较大的承载力。同时在隔热、隔声、防水等方面也具有一定的优势。

楼板的钢筋分为四类:底筋(又叫正筋、受力筋)、面筋(又叫负筋)、分布筋、温度筋(又叫抗裂构造钢筋)。本节以 A、B 轴与 2、4 围合的 2B6 板为例(图中⑥处),分别说明这四类板筋的配筋方法。注意,本例中的 2B6 有两块(图中⑥⑦处),如图 5.35 所示。

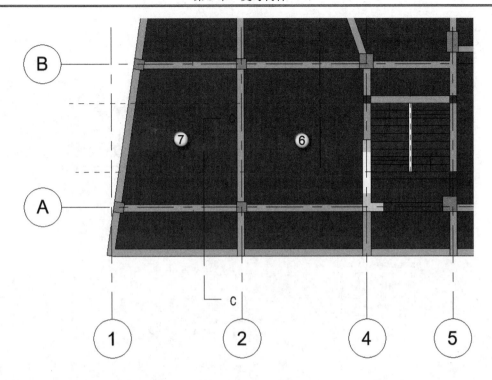

图 5.35　两块 2B6

5.2.1　底筋

为了抵消板底部受到的拉力，板底部会配置通长的钢筋，由于此钢筋位于板底部，故称底筋。板底部受正弯矩作用，且受力，这种钢筋又叫正筋、受力筋。

（1）编辑类型。选择"结构"|"结构区域钢筋"命令，或单击"面积"按钮▤，选择 2B6 图元，在"属性"面板中单击"编辑类型"按钮，在弹出的"类型属性"对话框中单击"复制"按钮，在弹出的"名称"对话框中的"名称"栏中输入"板底筋"字样，两次单击"确定"按钮，完成操作，如图 5.36 所示。

（2）设置视图可见性状态。在"属性"面板中，单击"视图可见性状态"旁边的"编辑"按钮，在弹出的"钢筋图元视图可见性状态"对话框中的"三维视图"栏中勾选"清晰的视图"与"作为实体查看"两个复选框，在 2F 栏中勾选"清晰的视图"复选框，单击"确定"按钮，如图 5.37 所示。

（3）设置图层（这个步骤用来设置 X 与 Y 双向底筋的各项参数，在软件中叫"图层"）。在"属性"面板的"图层"栏中，取消"顶部主筋方向"与"顶部分布筋方向"两个复选框的勾选。勾选"底部主筋方向"复选框，在"底部主筋类型"栏选择"10 HRB400"选项，在"底部主筋间距"栏输入 190，这是设置 X 方向的底筋。勾选"底部分布筋方向"复选框，在"底部分布筋类型"栏选择"10 HRB400"选项，在"底部分布筋间距"栏输入 190，这是设置 Y 方向的底筋。如图 5.38 所示。

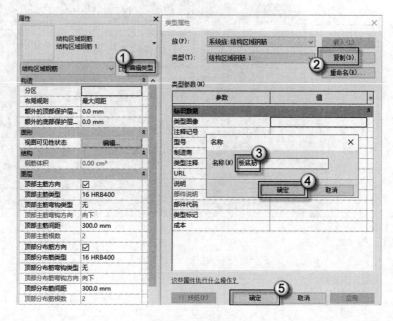

图 5.36 编辑类型

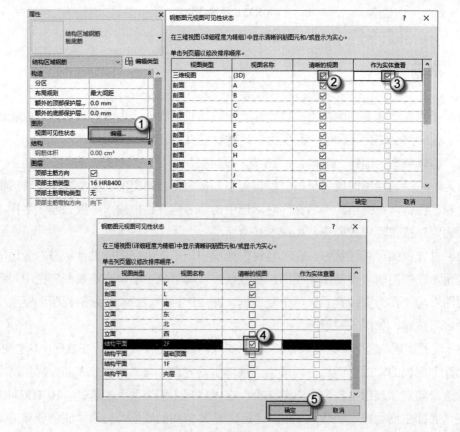

图 5.37 设置视图可见性状态

⌂**注意**：参看附录中的图纸，本例所有的板底筋为 Φ10@190，即 XY 两方向皆是 10 HRB400 的钢筋，间距为 190mm。

（4）绘制区域边界线。"结构区域钢筋"命令是需要指定区域边界的。指定（绘制）边界之后，将在这个闭合的区域自动生成钢筋网。用绘制线的方法指定板的边界线，如图 5.39 所示。按"√"按钮，完成操作。

图 5.38　设置图层

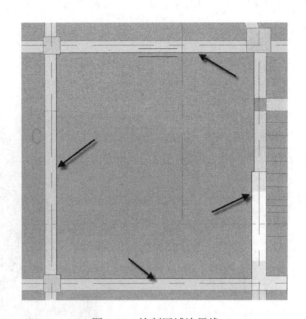

图 5.39　绘制区域边界线

（5）删除区域钢筋标记。选择区域钢筋标记，按 Delete 键，将其删除，如图 5.40 所示。这样的钢筋标记，与我国制图规范不符，因此需要删除。

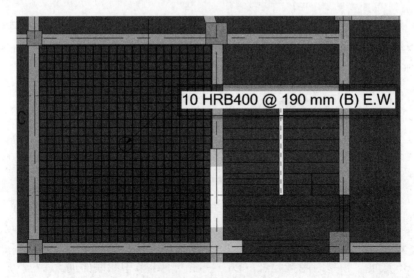

图 5.40　删除区域钢筋标记

💭**注意:** 标记 10 HRB400@190mm(B)E.W.虽然不需要在图中显示,但是我们需要理解这些字符的意义,以便通过字符去检查配筋是否正确。10 HRB400 指直径为 10mm 的三级钢。@190mm 指钢筋间距为 190mm。B 是英文 bottom 的简写,是底部的意思,此处指底筋。E.W.代表单层双向钢筋。

(6)删除区域钢筋系统。进入三维视图,检查底筋。选择底筋,在"属性"面板中可以观察到,图元的属性不是结构钢筋,而是结构区域钢筋。单击"删除区域系统区域钢筋"按钮(图中③处),如图 5.41 所示。删除这个系统,图元会变成结构钢筋。

💭**注意:** 区域系统区域钢筋是不能创建模型组的。只有结构钢筋才能创建模型组。

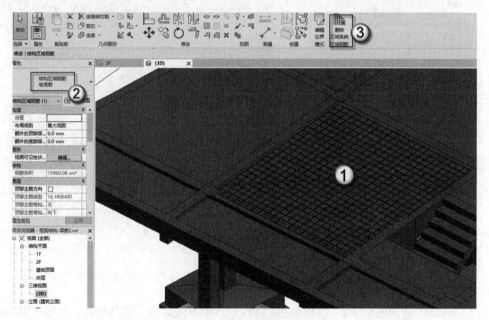

图 5.41　删除区域钢筋系统

(7)创建模型组。选择全部 2B6 的底筋,按 GP 快捷键发出"创建组"命令,在弹出的"创建模型组"对话框中的"名称"栏中输入"2B6 底筋"字样,单击"确定"按钮,如图 5.42 所示。

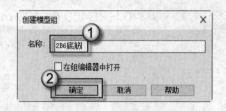

图 5.42　创建模型组

(8)隐藏模型组。选择"2B6 底筋"模型组,按 HH 快捷键发出"临时隐藏图元"命令,将"2B6 底筋"模型组隐藏起来,以方便在下一小节中绘制面筋。

5.2.2　面筋

在板顶部的支座附近受负弯矩作用的钢筋叫面筋，也叫负筋。2B6 的面筋有四组，如图 5.43 所示。面筋的长度，见表 5.1 所示。

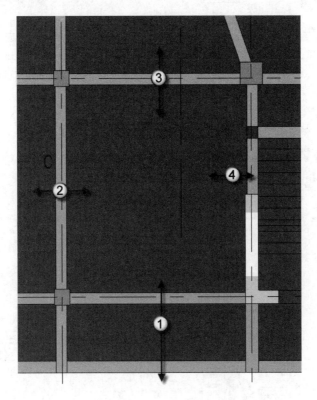

图 5.43　四组面筋

表 5.1　面筋的长度

编　　号	长度（mm）	弯钩的设置
①	2598	一侧有弯钩
②	2200	无弯钩
③	2200	无弯钩
④	1098	一侧有弯钩

（1）编辑类型。选择"结构"｜"结构路径钢筋"命令，或单击"路径"按钮，选择 2B6 楼板，在"属性"面板中单击"编辑类型"按钮，在弹出的"类型属性"对话框中单击"复制"按钮，在弹出的"名称"对话框中的"名称"栏中输入"板面筋"字样，两次单击"确定"按钮，完成操作，如图 5.44 所示。

（2）设置视图可见性状态。在"属性"面板中，单击"视图可见性状态"旁边的"编辑"按钮，在弹出的"钢筋图元视图可见性状态"对话框中的"三维视图"栏中勾选"清晰的视图"与"作为实体查看"两个复选框,在 2F 栏中勾选"清晰的视图"复选框,单击"确定"按钮,如图 5.45 所示。

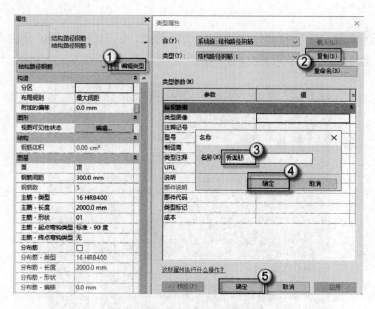

图 5.44　编辑类型

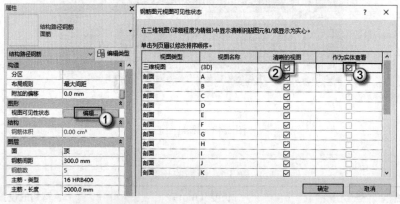

图 5.45　设置视图可见性状态

（3）绘制参照平面。按 RP 快捷键发出"参照平面"命令，绘制一个距离梁中心线 1100 的参照平面，如图 5.46 所示。

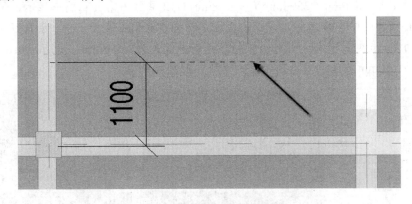

图 5.46　绘制参照平面

（4）设置图层（这个步骤是设置面筋的各项参数，在软件中叫"图层"）。在"属性"面板的"图层"栏中，将"面"设置为"顶"，设置"钢筋间距"为 150，设置"主筋-类型"为 8 HRB400，在"主筋-长度"栏中输入 2598，设置"主筋-终点弯钩类型"为"标准-90 度"，如图 5.47 所示。

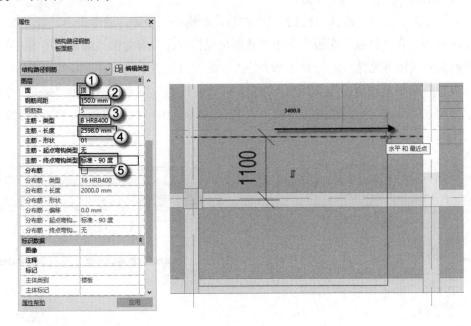

图 5.47　设置图层

（5）绘制路径。沿着第（3）步绘制的参照平面，从左向右绘制路径，如图 5.48 所示。面筋是使用"结构路径钢筋"命令来绘制的，所以要画一个路径。路径完成之后，单击"√"按钮，生成编号①的面筋。

（6）删除路径钢筋标记。选择路径钢筋标记（图中①处），在"属性"面板中可以观察到其类型为"M_路径钢筋标记"（图中②处），按 Delete 键，将其删除，如图 5.48 所示。

这样的钢筋标记，与我国制图不符，因此需要删除。

🔔**注意**：标记 8 HRB400（2598mm）@150mm TOP 虽然不需要在图中显示，但是我们需要理解这些字符的意义，以便通过字符去检查配筋是否正确。8 HRB400 指直径为 8mm 的三级钢。2598mm 指单根钢筋长度为 2598mm。@150mm 指钢筋间距为 150mm。TOP 直译是顶部的意思，此处指面筋。

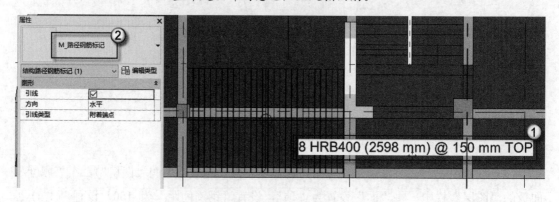

图 5.48　删除路径钢筋标记

下面来绘制编号②、③的面筋。

（7）设置钢筋类型。选择"结构"｜"结构路径钢筋"命令，或单击"路径"按钮，选择 2B6 楼板，在"属性"面板中单击"视图可见性状态"旁边的"编辑"按钮，在弹出的"钢筋图元视图可见性状态"对话框中的"三维视图"栏中勾选"清晰的视图"与"作为实体查看"两个复选框，在 2F 栏中勾选"清晰的视图"复选框，单击"确定"按钮，在"主筋-长度"栏中输入 2200，切换"主筋-终点弯钩类型"为"无"选项，如图 5.49 所示。

图 5.49　设置钢筋类型

（8）绘制路径。在"偏移"栏中输入 1100（图中①处），然后沿着梁的中心线绘制路径（图中②处），如图 5.50 所示。路径完成之后，单击 "√" 按钮，生成编号②的面筋。

🔔**注意：** 编号②的面筋长度为 2200mm，需要设置偏移为 1100mm，这样沿着梁中心线画路径时，路径才位于中间位置。

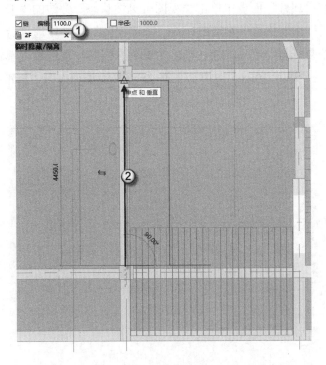

图 5.50　绘制路径

（9）删除路径钢筋标记。选择路径钢筋标记（图中①处），在 "属性" 面板中可以观察到其类型为 "M_路径钢筋标记"（图中②处），按 Delete 键，将其删除，如图 5.51 所示。这样的钢筋标记，与我国制图不符，因此需要删除。

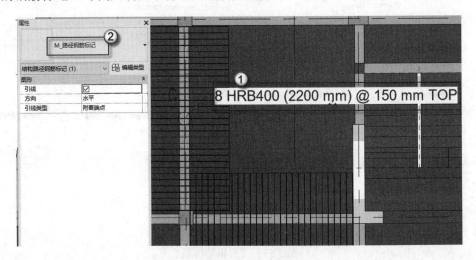

图 5.51　删除路径钢筋标记

编号③的筋绘方法与编号②一致，此处不再冗叙。下面介绍绘制编号④面筋的方法。

（10）绘制参照平面。按 RP 快捷键发出"参照平面"命令，绘制一个距离梁中心线 1098 的参照平面，如图 5.52 所示。

（11）设置钢筋类型。选择"结构"|"结构路径钢筋"命令，或单击"路径"按钮，选择 2B6 楼板，在"属性"面板中单击"视图可见性状态"旁边的"编辑"按钮，在弹出的"钢筋图元视图可见性状态"对话框中的"三维视图"栏中勾选"清晰的视图"与"作为实体查看"两个复选框，在 2F 栏中勾选"清晰的视图"复选框，单击"确定"按钮，在"主筋-长度"栏中输入 1098，切换"主筋-终点弯钩类型"为"标准-90 度"选项，如图 5.53 所示。

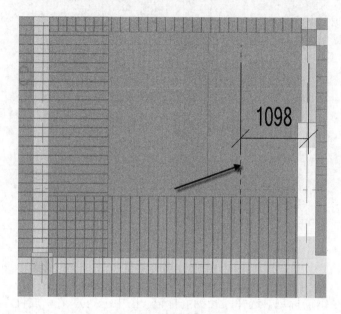

图 5.52　绘制参照平面

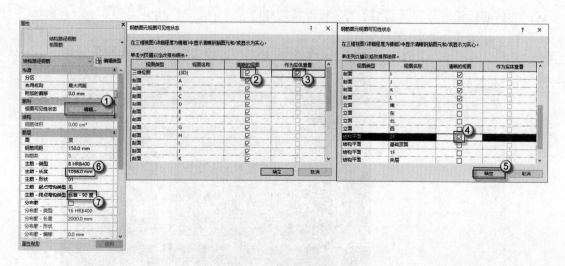

图 5.53　设置钢筋类型

（12）绘制路径。沿着第（10）步绘制的参照平面，从下向上绘制路径，如图 5.54 所示。面筋是使用"结构路径钢筋"命令来绘制的，所以要画一个路径。路径完成之后，单击"√"按钮，生成编号④的面筋。选择路径钢筋标记，按 Delete 键，将其删除。

四组面筋绘制完成之后，可以观察到有部分区域的钢筋成网状（图中①②③④处），也有部分区域的钢筋没有形成网状（图中⑤⑥⑦⑧处），如图 5.55 所示。没有形成网状的区域，还要绘制分布筋，让分布筋与此处的钢筋一起形成网状。

注意：钢筋在设计与施工时，一般都要形成网状，即设置双向（X 与 Y 两方向）钢筋十字相交，这样的网状钢筋受力会更加均衡。

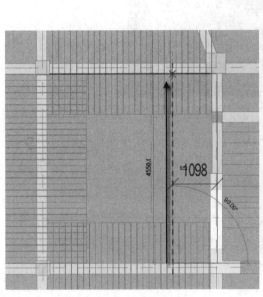

图 5.54　绘制路径

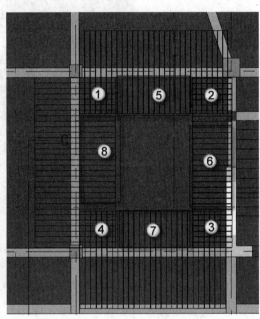

图 5.55　检查面筋

5.2.3　分布筋

分布筋是一种附属钢筋，此处是面筋的附属钢筋，全称面筋分布筋。其功能是让所有的面筋形成网状。

（1）绘制两条参照平面。按 RP 快捷键发出"参照平面"命令，绘制两个参照平面，一个垂直（图中①处）、一个平行（图中②处），参照平面的起点皆为梁的中点（图中③④处），如图 5.56 所示。

（2）编辑类型。选择"结构"｜"结构路径钢筋"命令，或单击"路径"按钮，选择 2B6 楼板，在"属性"面板中单击"编辑类型"按钮，在弹出的"类型属性"对话框中单击"复制"按钮，在弹出的"名称"对话框中的"名称"栏中输入"板面筋的分布筋"字样，两次单击"确定"按钮，完成操作，如图 5.57 所示。

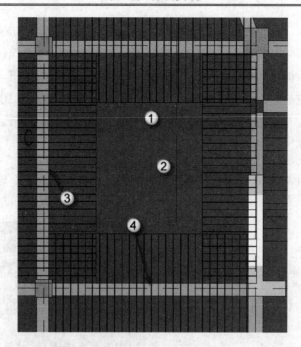

图 5.56　绘制参照平面

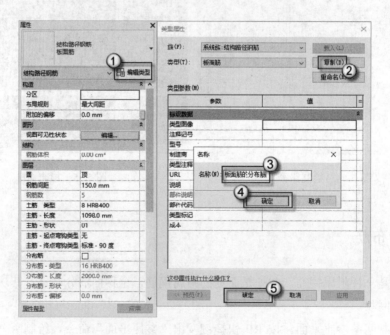

图 5.57　编辑类型

（3）编辑钢筋类型。在"属性"面板中单击"视图可见性状态"旁边的"编辑"按钮，在弹出的"钢筋图元视图可见性状态"对话框中的"三维视图"栏中勾选"清晰的视图"与"作为实体查看"两个复选框，在 2F 栏中勾选"清晰的视图"复选框，单击"确定"按钮，在"钢筋间距"栏中输入 200，在"主筋-长度"栏中输入 4800，如图 5.58 所示。

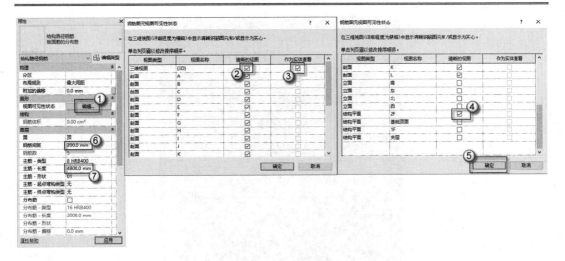

图 5.58 编辑钢筋类型

（4）绘制路径。在"偏移"栏中输入 2400（图中①处），然后从点②向点③线绘制路径，如图 5.59 所示。路径完成之后，单击"√"按钮，生成分布筋。选择路径钢筋标记，按 Delete 键，将其删除，可以观察到这一侧的钢筋已经形成网状了，如图 5.60 所示。

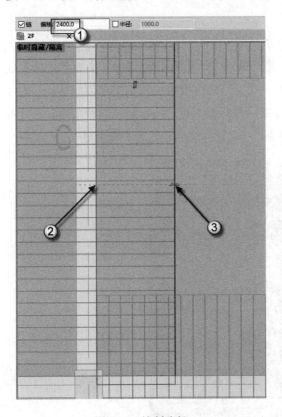

图 5.59 绘制路径

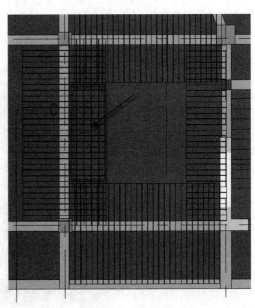

图 5.60 生成分布筋

使用同样的方法绘制另外三侧的分布筋，如图 5.61 所示。

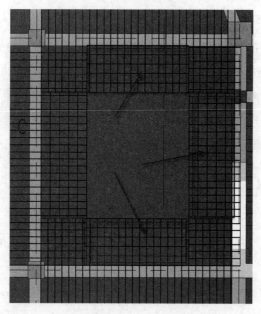

图 5.61 三侧的分布筋

5.2.4 温度筋

在前面的两小节，在板的顶部绘制了面筋与分布筋，但板顶部还有一个矩形的区域没有钢筋，如图 5.62 所示。这个区域不受拉力，从力学的角度讲可以不配筋。但是，受温度的变化（热胀冷缩），这个没有配筋的区域可能会出现板裂纹。为了解决这个问题，设计师会在这个区域设置抗裂构造筋，俗称"温度筋"。抗裂构造筋也是双向配置的。

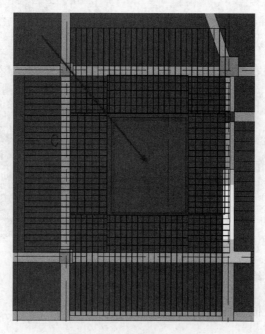

图 5.62 没有钢筋的区域

（1）设置类型。选择"结构"|"结构区域钢筋"命令，或单击"面积"按钮▦，选择 2B6 图元，在"属性"面板中单击"编辑类型"按钮，在弹出的"类型属性"对话框中单击"复制"按钮，在弹出的"名称"对话框中的"名称"栏中输入"温度筋"字样，两次单击"确定"按钮，完成操作，如图 5.63 所示。

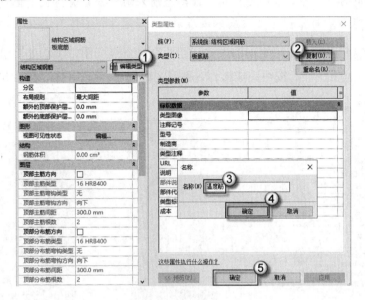

图 5.63　编辑类型

（2）设置视图可见性状态。在"属性"面板中单击"视图可见性状态"旁边的"编辑"按钮，在弹出的"钢筋图元视图可见性状态"对话框中的"三维视图"栏中勾选"清晰的视图"与"作为实体查看"两个复选框，在 2F 栏中勾选"清晰的视图"复选框，单击"确定"按钮，如图 5.64 所示。

图 5.64　设置视图可见性状态

（3）设置图层（这个步骤是设置温度筋的各项参数，在软件中叫"图层"）。在"属性"面板的"图层"栏中，勾选"顶部主筋方向"复选栏，设置"顶部主筋类型"为"8 HRB400"，在"顶部主筋间距"栏中输入 200，勾选"顶部分布筋方向"复选栏，设置"顶部分布筋类型"为 8 HRB400，在"顶部分布筋间距"栏中输入 200，取消"底部主筋方向"与"底部分布筋方向"两个复选框的勾选，如图 5.65 所示。

🔔注意：温度筋为双向布置，此处使用"顶部主筋方向"布置 X 方向的温度筋，使用"顶部分布筋方向"布置 Y 方向的温度筋。

（4）绘制钢筋边界。使用矩形的方式，用两个对角点（图中①②处）绘制钢筋边界，如图 5.66 所示。单击"√"按钮完成操作，删除区域钢筋标记，可以观察到网状的温度筋，如图 5.67 所示。

图 5.65　设置图层

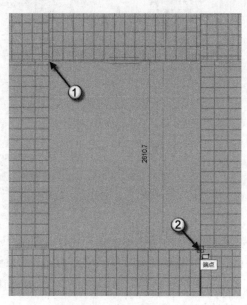

图 5.66　绘制钢筋边界

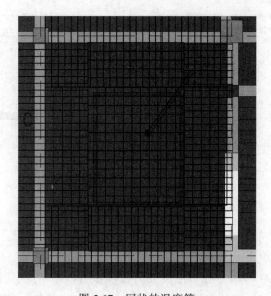

图 5.67　网状的温度筋

　　按 HR 快捷键发出"重设临时隐藏/隔离"命令，将隐藏的底筋显示出来，进入三维视图，检查 2B6 的全部钢筋，如图 5.68 所示。

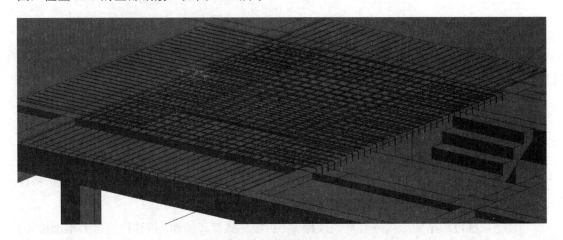

图 5.68　在三维视图中检查钢筋

第 6 章 楼 梯

楼梯是建筑物中楼层间垂直交通用的构件，用于楼层之间的交通联系。在设有电梯、自动梯作为主要垂直交通手段的多层和高层建筑中也要设置楼梯，这时的楼梯作用为疏散。楼梯由连续梯级的梯段（又称梯跑）、平台（又称休息平台或缓步平台）和围护构件等组成。

楼梯按梯段的平面形状分有直线楼梯、转折楼梯和旋转楼梯。按梯段可分为单跑楼梯、双跑楼梯和多跑楼梯。本章以一部双跑楼梯为例，说明楼梯配筋的一般方法。

6.1 板

楼梯中的"板"构件有梯板、平台板（代码为 PTB）。此外，本节中的雨棚也是"板"造型。

6.1.1 梯板 DT

梯板的类型一般分为 4 种：AT、BT、CT、DT，具体的区别请参看相应的规范与图集。本例中的梯板为 DT 类型，有两个梯板 DT1 与 DT2。本小节以 DT1 为例，介绍梯板钢筋的绘制方式。

（1）新建剖面 M。在"项目浏览器"面板中，进入 2F 视图，在"快速访问工具栏"中单击"剖面"按钮 ⬧，设置一个穿过楼梯的剖面，并调整剖视范围，保证只剖切到楼梯，如图 6.1 所示。在"项目浏览器"面板中，将"剖面 1"视图重命名为 M，如图 6.2 所示。

（2）进入剖面 M 视图。在"项目浏览器"面板中，进入剖面 M 视图，设置"详细程度"为"精细"，调整剖切范围框，使楼梯全部显示，如图 6.3 所示。

（3）绘制下部纵筋。选择 DT1 图元，按 GJ 快捷键发出"结构钢筋"命令，进入"修改｜创建钢筋草图"界面，在"属性"面板中选择"钢筋 10 HRB400"类型，在"几何图形"中选择"自由形式"选项，沿梯板下边线绘制直线，并锚入梯梁超过梁宽一半，如图 6.4 所示。绘制完成后，单击"√"按钮，完成绘制。

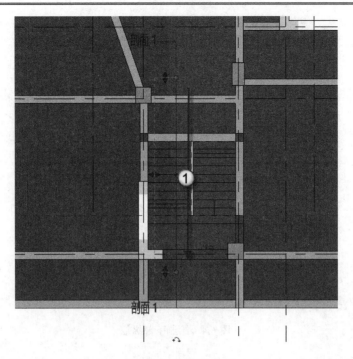

图 6.1　新建剖面

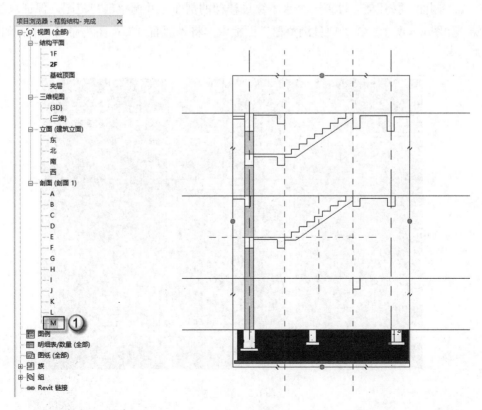

图 6.2　重命名 M 视图　　　　　图 6.3　进入剖面 M 视图

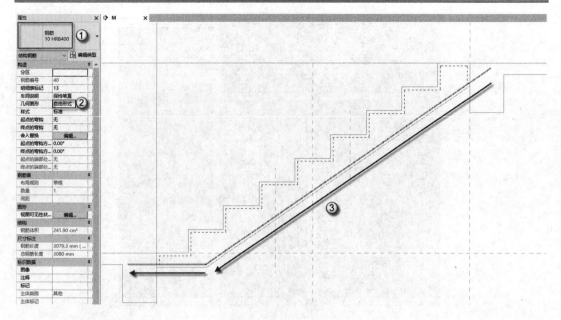

图 6.4　绘制下部纵筋

（4）新建剖面 N。在"项目浏览器"面板中，进入 2F 视图，在"快速访问工具栏"中单击"剖面"按钮⊙，设置一个水平穿过楼梯的剖面，并调整剖视范围，保证只剖切到楼梯，如图 6.5 所示。在"项目浏览器"面板中，将"剖面 1"视图重命名为 N，如图 6.6 所示。

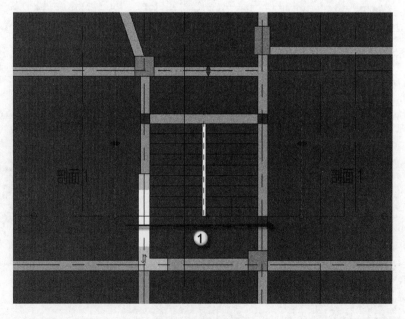

图 6.5　新建剖面

（5）进入剖面 N 视图。在"项目浏览器"面板中，进入剖面 N 视图，设置"详细程度"为"精细"，调整剖切范围框，使楼梯全部显示，如图 6.7 所示。

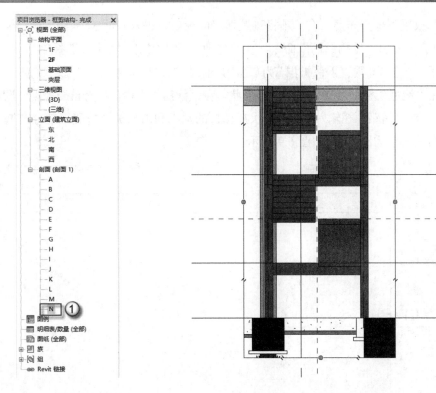

图 6.6　重命名剖面 N　　　　　　　　　　图 6.7　进入剖面 N 视图

（6）复制下部纵筋。选择已绘制的梯板下部纵筋，按 CO 快捷键发出"复制"命令，依次按间距 200mm 复制下部纵筋，如图 6.8 所示。

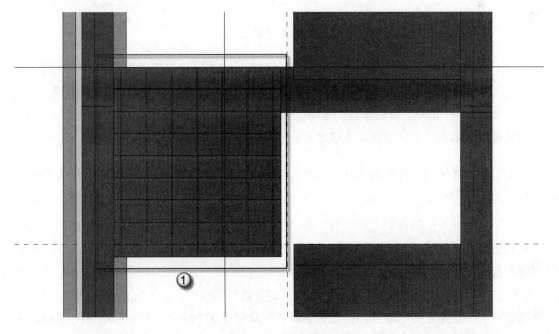

图 6.8　复制下部纵筋

（7）放置下部分布筋。在"项目浏览器"面板中，进入剖面 M 视图。选择 DT1 图元，按 GJ 快捷键发出"结构钢筋"命令，在"修改 | 放置钢筋"栏中，选择"当前工作平面"为放置平面，选择"垂直于保护层"为放置方向，在"属性"面板中，选择"钢筋 6 HPB300"类型，在"造型"栏中选择"01"钢筋形状，在"钢筋集"栏，将"布局规则"设置为"最大间距"，在"间距"栏输入 100，依次在梯板的水平和斜面部分放置下部分布筋（本视图中的分布筋形状为圆点），如图 6.9 所示。

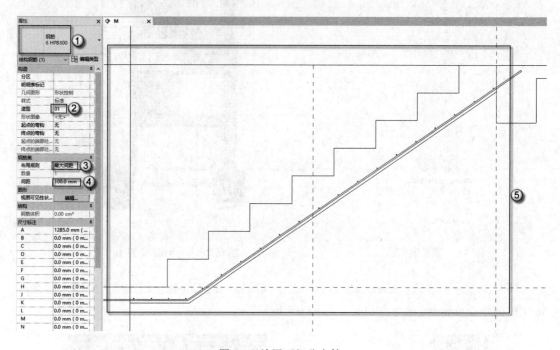

图 6.9　放置下部分布筋

（8）绘制锚入低端梯梁上部纵筋。选择 DT1 图元，按 GJ 快捷键发出"结构钢筋"命令，进入"修改 | 创建钢筋草图"界面，在"属性"面板中选择"钢筋 8 HRB400"类型，在"几何图形"中选择"自由形式"选项，绘制锚入低端梯梁的上部纵筋，如图 6.10 所示。绘制完成后，单击"√"按钮，完成绘制。

🔔注意：锚入梯梁的上部纵筋需伸至梁边，图中③④段长度为 120mm，⑤⑥⑦段展开长度为 280mm。

（9）复制锚入低端梯梁上部纵筋。在"项目浏览器"面板中，进入剖面 N 视图，选择已绘制的锚入低端梯梁上部纵筋，按 CO 快捷键发出"复制"命令，依次按间距 200mm 复制锚入低端梯梁上部纵筋，如图 6.11 所示。

（10）绘制低端梯板上部纵筋。在"项目浏览器"面板中，进入剖面 M 视图，按 RP 快捷键发出"参照平面"命令，绘制一条距离低端梯梁 872mm 的辅助线（图中①处），选择 DT1 图元，按 GJ 快捷键发出"结构钢筋"命令，进入"修改 | 创建钢筋草图"界面，在"属性"面板中选择"钢筋 8 HRB400"类型，在"几何图形"中选择"自由形式"选

项，绘制低端梯板上部纵筋，如图 6.12 所示。绘制完成后，单击"√"按钮。

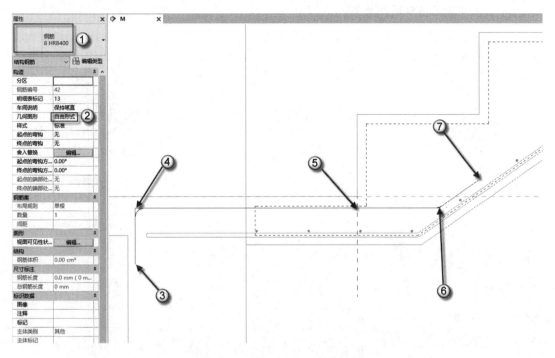

图 6.10　绘制锚入低端梯梁上部纵筋

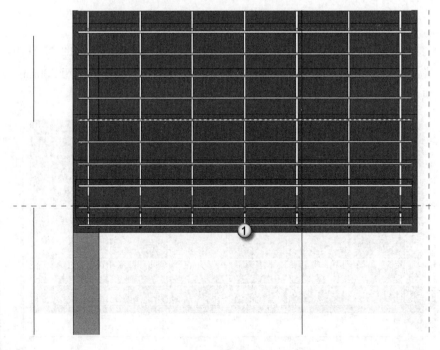

图 6.11　复制锚入低端梯梁上部纵筋

🔔注意：距离低端梯梁的 872mm 为 1/4 梯板跨度，图中④⑤⑥段展开长度为 280mm，图中⑥处为低端梯板上部纵筋与锚入低端梯梁上部纵筋交点，图中⑦处为低端梯板上部纵筋与辅助线交点。

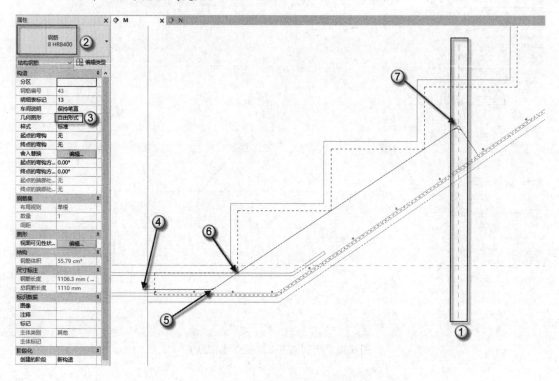

图 6.12　绘制低端梯板上部纵筋

（11）复制低端梯板上部纵筋。在"项目浏览器"面板中，进入剖面 N 视图，选择已绘制的低端梯板上部纵筋，按 CO 快捷键发出"复制"命令，依次按间距 200mm 复制低端梯板上部纵筋，如图 6.13 所示。

图 6.13　复制低端梯板上部纵筋

（12）绘制锚入高端梯梁上部纵筋。在"项目浏览器"面板中，进入剖面 M 视图。选择 DT1 图元，按 GJ 快捷键发出"结构钢筋"命令，进入"修改 | 创建钢筋草图"界面，在"属性"面板中选择"钢筋 8 HRB400"类型，在"几何图形"中选择"自由形式"选项，绘制锚入高端梯梁的上部纵筋，如图 6.14 所示。绘制完成后，单击"√"按钮。

注意：距离低端梯梁的 872mm 为 1/4 梯板跨度，图中④处为高端梯板上部纵筋与辅助线交点，⑤⑥段长度为 120mm。

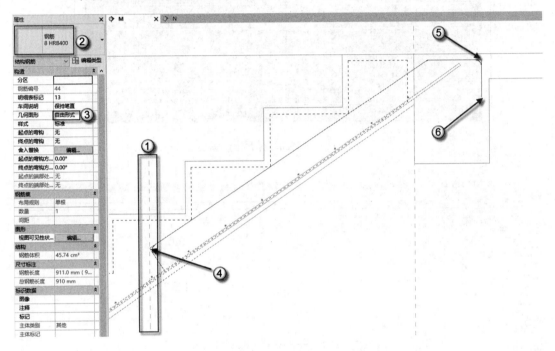

图 6.14　绘制锚入高端梯梁上部纵筋

（13）复制高端梯板上部纵筋。在"项目浏览器"面板中，进入剖面 N 视图，选择已绘制的高端梯板上部纵筋，按 CO 快捷键发出"复制"命令，依次按间距 200mm 复制高端梯板上部纵筋，如图 6.15 所示。

（14）放置上部分布筋。在"项目浏览器"面板中，进入剖面 M 视图，选择 DT1 图元，按 GJ 快捷键发出"结构钢筋"命令，在"修改 | 放置钢筋"栏中，选择"当前工作平面"为放置平面，选择"垂直于保护层"为放置方向，在"属性"面板中，选择"钢筋 6 HPB300"类型，在"造型"栏中选择"01"钢筋形状，在"钢筋集"栏，将"布局规则"设置为"单根"，依次在梯板的水平和斜面部分放置上部分布筋（本视图中的布置筋形状为圆点），如图 6.16 所示。

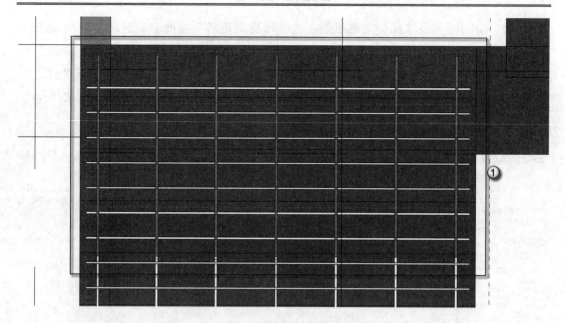

图 6.15　复制高端梯板上部纵筋

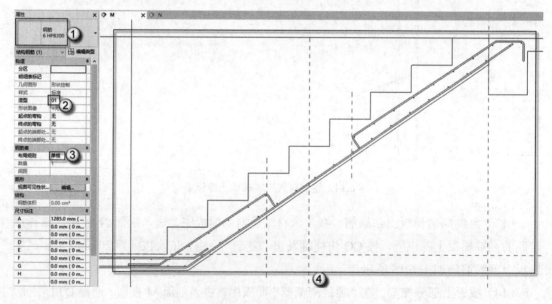

图 6.16　放置上部分布筋

6.1.2　平台板 PTB

楼梯梯段的两端（高端与低端）都是平台板，代码为 PTB。本例介绍的这部双跑楼梯中只有一种类型的平台板：PTB1，此处就以 PTB1 为例，介绍楼梯平台板配筋的一般方法。

（1）只显示 PTB1 图元。在"项目浏览器"面板中进入"夹层"平面（图中①处），选择 PTB1（图中②处）图元，如果无法选择，可按 Tab 键进行选择切换（按一次，切换选择一次），如果选上 PTB1 图元，可以在"属性"面板中观察到 PTB1 字样（图中③处），如图 6.17 所示。按 HI 快捷键发出"临时隔离图元"命令，可以观察到视口出现"临时隐藏/隔离"字样（图中①处），且视口中也只显示刚选择的 PTB1 图元（图中②处），如图 6.18 所示。

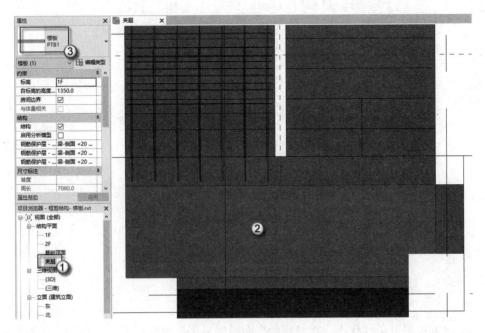

图 6.17　选择 PTB1 图元

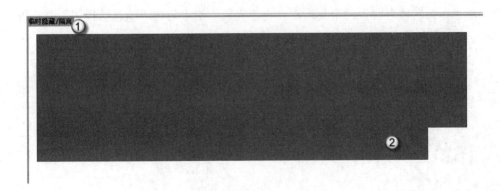

图 6.18　只显示 PTB1 图元

注意："临时隔离图元"命令（快捷键 HI）在配筋时经常会用到，这个命令只显示选择的图元，而将没有选择的图元全部隐藏起来。操作完成之后，要显示隐藏的图元，可以用"重设临时隐藏/隔离"命令（快捷键 HR）。

（2）设置钢筋类型。选择"结构"|"结构区域钢筋"命令，或单击"面积"按钮▥，选择 PTB1 图元，在"属性"面板中单击"编辑类型"按钮，在弹出的"类型属性"对话框中单击"复制"按钮，在弹出的"名称"对话框中的"名称"栏中输入"PTB 双层双

向"字样，两次单击"确定"按钮，完成操作，如图 6.19 所示。

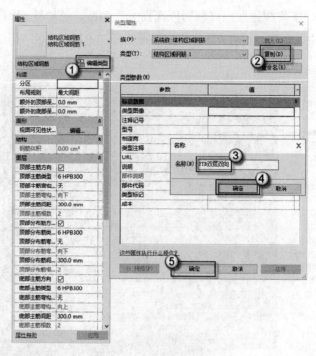

图 6.19　设置钢筋类型

（3）设置视图可见性状态。在"属性"面板中单击"视图可见性状态"旁边的"编辑"按钮，在弹出的"钢筋图元视图可见性状态"对话框中的"三维视图"栏中勾选"清晰的视图"与"作为实体查看"两个复选框，在"夹层"栏中勾选"清晰的视图"复选框，单击"确定"按钮，如图 6.20 所示。

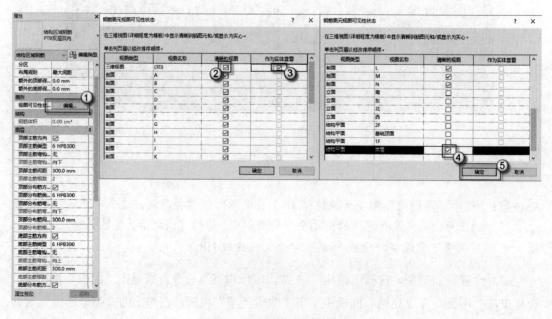

图 6.20　设置视图可见性状态

（4）设置图层（这个步骤是设置双层双向的钢筋的各项参数，在软件中叫"图层"）。在"属性"面板的"图层"栏中，勾选"顶部主筋方向""顶部分布筋方向""底部主筋方向"和"底部分布筋方向"4 个复选框（图中①处），在"顶部主筋类型""顶部分布筋类型""底部主筋类型"和"底部分布筋类型"4 栏中皆选择"8 HRB400"选项（图中②处），在"顶部主筋间距""顶部分布筋间距""底部主筋间距"和"底部分布筋间距"4 栏中皆输入 200（图中③处），如图 6.21 所示。

（5）绘制区域边界线。"结构区域钢筋"命令是需要指定区域边界的。指定（绘制）边界之后，将在这个闭合的区域自动生成钢筋网。勾选"链"复选框，用绘制线的方法指定板的 6 条边界线，如图 6.22 所示。单击"√"按钮，完成操作。

（6）调整视图范围。在 PTB1 平面视图中，可以观察到并未显示钢筋，只有钢筋标记，如图 6.23 所示。选择钢筋标记，按 Delete 键，将其删除。在"属性"面板中，单击"视图范围"旁的"编辑"按钮，在弹出的"视图范围"对话框中的"底部"栏中输入-1800，单击"确定"按钮，如图 6.24 所示。此时，在 PTB1 中会显示钢筋，如图 6.25 所示。

图 6.21　设置图层

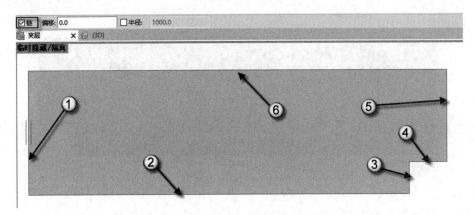

图 6.22　绘制区域边界线

8 HRB400 @ 200 mm E.W. E.F.

图 6.23　平面视图不显示钢筋

注意：钢筋标记 8 HRB400@200mm E.W.E.F.中 "E.W.E.F." 表示双层（上下两层）双向
（XY 两个方向）钢筋。

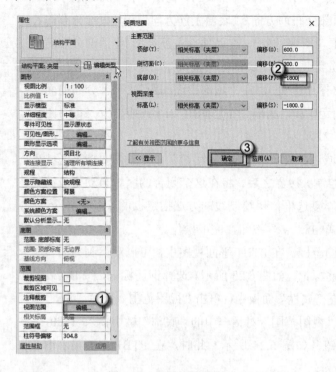

图 6.24 调整视图范围

图 6.25 显示钢筋

进入三维视图，检查为 PTB1 配置的双层双向钢筋，如图 6.26 所示。

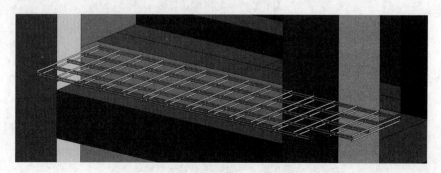

图 6.26 在三维视图中检查钢筋

🔔注意：在结构设计时，给楼板配筋有两种，一种是前面介绍的用底筋、面筋、分布筋和温度筋进行配置；另一种就是本小节介绍的直接用双层双向的方式进行配置。前者是根据板部位的具体受力特征进行配筋，优点是节约钢筋，后者的优点是设计与施工相对简单。

6.1.3 雨棚

本例有一个钢筋混凝土雨棚。这种雨棚一般是建筑专业设计其形状、大小、位置，然后由结构专业配筋。此处会使用到第 1 章中制作的 54 号自定义钢筋形状。

（1）选择雨棚。在"项目浏览器"面板中，双击 M 剖面（图中①处），进入 M 剖面视图，选择雨棚（图中②处），可以观察到在"属性"面板中会出现"雨棚"的类型（图中③处），如图 6.27 所示。只有在"属性"面板中出现"雨棚"的类型，才说明雨棚被选上了。

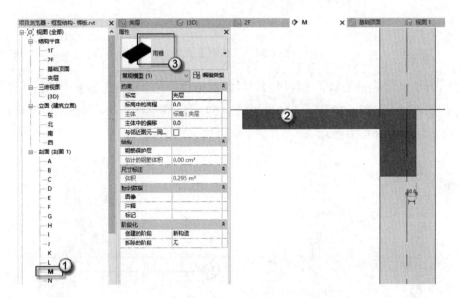

图 6.27　选择雨棚

（2）设置主筋钢筋类型。保证雨棚被选上，按 GJ 快捷键发出"结构钢筋"命令，在弹出的"钢筋形状浏览器"中选择"钢筋形状：02"号钢筋，在"属性"面板中选择"钢筋 8 HRB400"钢筋类型，设置"布局规则"为"最大间距"，在"间距"栏中输入 150，单击"视图可见性状态"旁的"编辑"按钮，在弹出的"钢筋图元视图可见性状态"对话框中的"三维视图"栏中勾选"清晰的视图"与"作为实体查看"两个复选框，单击"确定"按钮，完成操作，如图 6.28 所示。注意，02 号钢筋的弯钩向上。

🔔注意：雨棚的主筋应该是 54 号钢筋，但是如果直接使用自定义的 54 号钢筋形状，很难一次性放入。这是由于雨棚厚度不大，软件自动计算不够智能造成的。所以，此处先选择 02 号钢筋形状，等布置完成后，再改回 54 号自定义的钢筋形状。

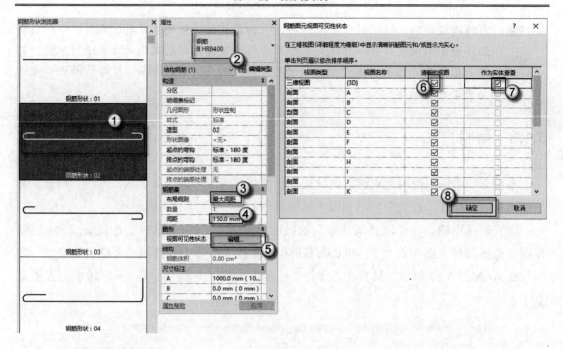

图 6.28　设置钢筋类型

（3）改回 54 号钢筋形状。选择"02"号钢筋形状，在"属性"面板中切换"造型"为"54"号钢筋形状，如图 6.29 所示。如果改后的 54 号钢筋形状不对，可按空格键进行旋转，旋转正确之后，如图 6.30 所示。

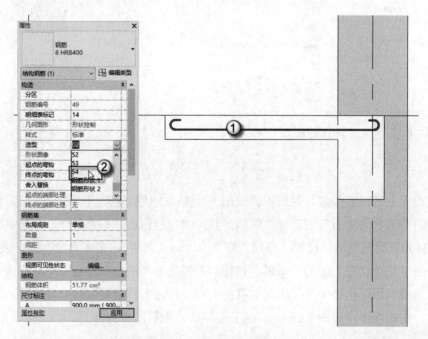

图 6.29　改回 54 号钢筋形状

（4）调整钢筋形状。拖曳造型操纵柄，拉长钢筋，如图 6.31 所示。然后移动主筋，完成后如图 6.32 所示。

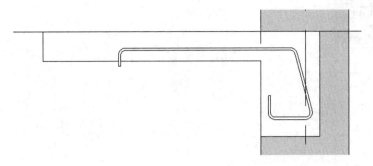

图 6.30　旋转钢筋形状

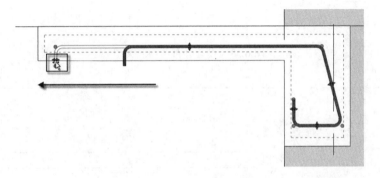

图 6.31　调整钢筋形状

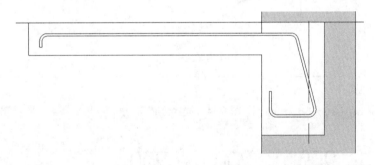

图 6.32　完成主筋

（5）设置分布筋钢筋类型。选择雨棚图元，按 GJ 快捷键发出"结构钢筋"命令，在弹出的"钢筋形状浏览器"中选择"钢筋形状：01"号钢筋，在"属性"面板中选择"钢筋 6 HRB400"钢筋类型，设置"布局规则"为"单根"，在"尺寸标注"栏 A 中输入 2000，单击"视图可见性状态"旁的"编辑"按钮，在弹出的"钢筋图元视图可见性状态"对话框中的"三维视图"栏中勾选"清晰的视图"与"作为实体查看"两个复选框，单击"确定"按钮完成操作，如图 6.33 所示。

（6）放置分布筋。选择"放置方向"为"平行于保护层"，放置第一根分布筋，注意分布筋在这个视图中显示为一个圆点，如图 6.34 所示。选择第一根分布筋，按 CO 快捷键发出"复制"命令，以 200 的间距再复制 3 根分布筋，如图 6.35 所示。

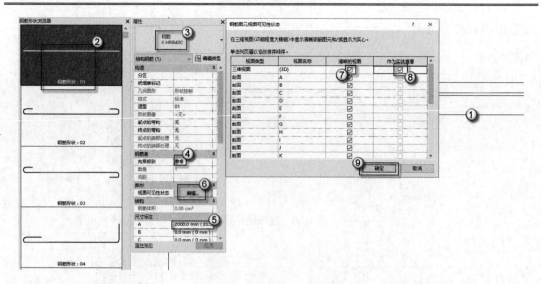

图 6.33 设置分布筋钢筋类型

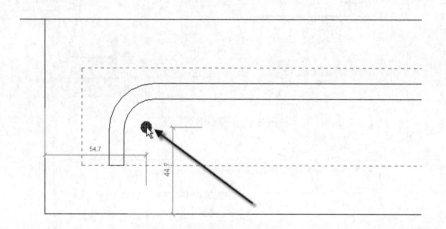

图 6.34 放置分布筋

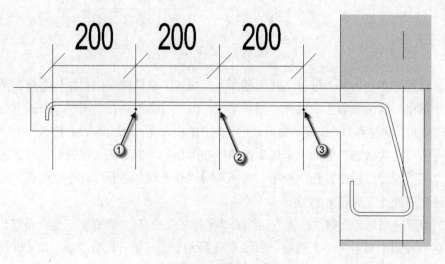

图 6.35 复制分布筋

进入三维视图，检查雨棚的配筋情况，如图 6.36 所示。

图 6.36　在三维视图中检查配筋情况

6.2　支　撑

在框架结构体系中，楼梯的支持构件，如梯梁、梯柱是不参与抗震计算的。这些构件与主体结构之间一般设置滑动支座。具体的构造做法，请读者参看相应的图集与规范。

6.2.1　梯梁 TL

梯板与平台板挂载在梯梁上，将荷载传递到梯梁。梯梁的代码是 TL，此处有 TL1～TL4 四种梯梁。本小节以 TL1 为例，介绍梯梁钢筋的绘制方式。

（1）新建剖面 O。在"项目浏览器"面板中，进入 2F 视图，在"快速访问工具栏"中单击"剖面"按钮◇，设置一个垂直穿过梯梁 TL1 的剖面，并调整剖视范围，保证只剖切到 TL1，如图 6.37 所示。在"项目浏览器"面板中，将"剖面 1"视图重命名为 O，如图 6.38 所示。

（2）进入剖面 O 视图。在"项目浏览器"面板中，进入剖面 O 视图，设置"详细程度"为"精细"，调整剖切范围框，使梯梁 TL1 全部显示，如图 6.39 所示。

（3）放置箍筋。选择"结构"|"保护层"命令，对梯梁 TL1 各面进行保护层厚度设置。选择梯梁 TL1 图元，按 GJ 快捷键发出"结构钢筋"命令，在"修改丨放置钢筋"栏中，选择"当前工作平面"为放置平面，选择"平行于工作平面"为放置方向，在"属性"面板中，选择"钢筋 6 HPB300"类型，在"造型"栏中选择"33"钢筋形状，在"钢筋集"栏中，将"布局规则"设置为"最大间距"，在"间距"栏输入 200，最后将箍筋放置在 TL1 中，保持梯梁的箍筋距离梯柱边最少 50mm（这是规范与图集的要求），如图 6.40所示。

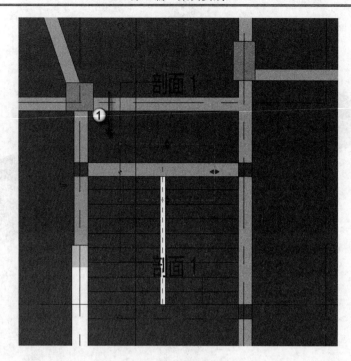

图 6.37　新建剖面

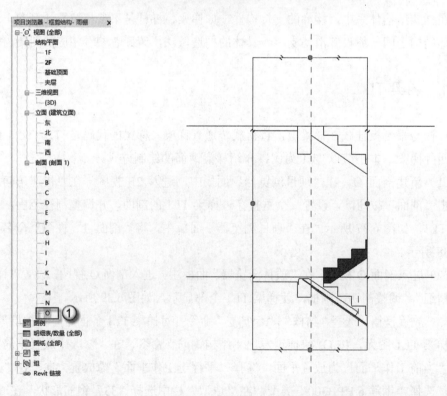

图 6.38　重命名 O 视图　　　　　　图 6.39　进入剖面 O 视图

（4）新建剖面 P。在"项目浏览器"面板中，进入 2F 视图，在"快速访问工具栏"中单击"剖面"按钮 ，设置一个平行于梯梁 TL1 的剖面，并调整剖视范围，保证只剖切到

TL1，如图 6.41 所示。在"项目浏览器"面板中，将"剖面 1"视图重命名为 P，如图 6.42
所示。

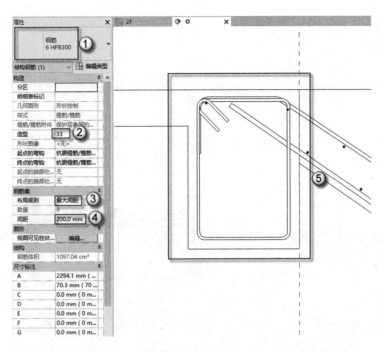

图 6.40　放置箍筋

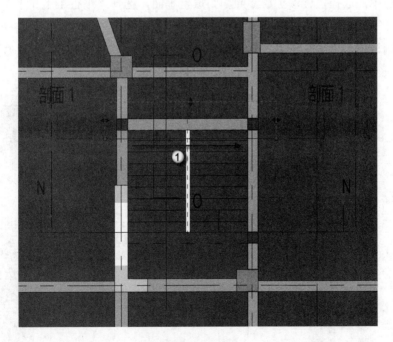

图 6.41　新建剖面

（5）进入剖面 P 视图。在"项目浏览器"面板中，进入剖面 P 视图，设置"详细程度"
为"精细"，调整剖切范围框，使梯梁 TL1 全部显示，如图 6.43 所示。

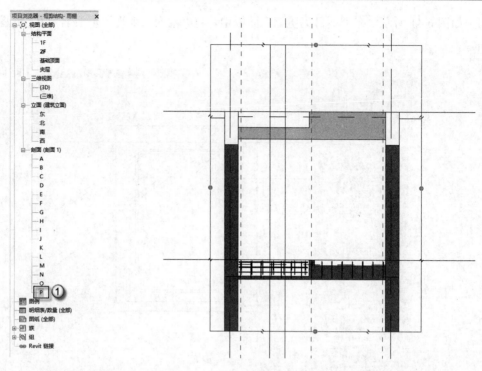

图 6.42 重命名 P 视图 图 6.43 进入剖面 P 视图

（6）放置上部纵筋。选择 TL1 图元，按 GJ 快捷键发出"结构钢筋"命令，在"修改 |
放置钢筋"栏中，选择"近保护层参照"为放置平面，选择"平行于工作平面"为放置方
向，在"属性"面板中，选择"钢筋 12 HRB400"类型，在"造型"栏中选择"05"钢筋
形状，在"钢筋集"栏中，将"布局规则"设置为"固定数量"选项，在"数量"栏输入
2，将上部通长筋放置在 TL1 中，弯钩朝下，如图 6.44 所示。

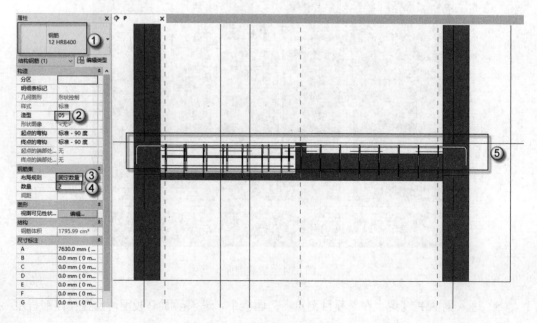

图 6.44 放置上部纵筋

（7）放置下部纵筋。选择 TL1 图元，按 GJ 快捷键发出"结构钢筋"命令，在"修改｜放置钢筋"栏中，选择"近保护层参照"为放置平面，选择"平行于工作平面"为放置方向，在"属性"面板中，选择"钢筋 14 HRB400"类型，在"造型"栏中选择"05"钢筋形状，在"钢筋集"栏中，将"布局规则"设置为"固定数量"，在"数量"栏中输入 3，将下部通长筋放置在 TL1 中，弯钩朝上，如图 6.45 所示。

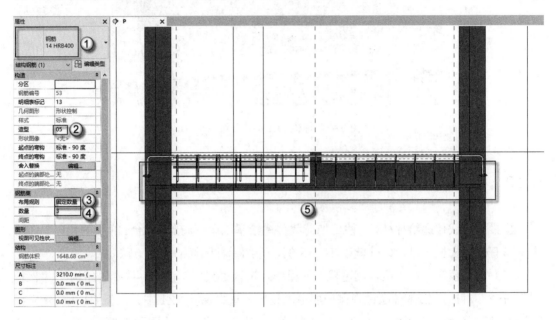

图 6.45　放置下部纵筋

（8）创建模型组。选择梯梁 TL1 所有钢筋，按 GP 快捷键发出"创建组"命令，在弹出的"创建模型组"对话框的"名称"栏输入"梯梁 TL1 钢筋"字样，单击"确定"按钮完成操作，如图 6.46 所示。进入三维视图，检查 TL1 所有钢筋，如图 6.47 所示。

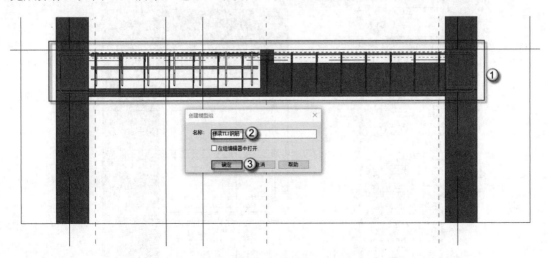

图 6.46　创建模型组

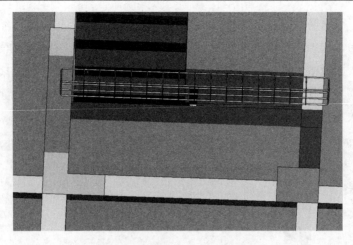

图 6.47　梯梁 TL1 钢筋三维效果

6.2.2　梯柱 TZ

梯梁将荷载传递给梯柱,梯柱再把荷载传递给基础梁、基础或承台。梯柱的代码是 TZ,本例只有一种梯柱 TZ1,此处就以 TZ1 为例,介绍梯柱配筋的一般方法。

(1)放置箍筋。在"项目浏览器"面板中,进入"夹层"视图,选择"结构"|"保护层"命令,对梯柱 TZ1 各面进行保护层厚度设置。选择梯柱 TZ1 图元,按 GJ 快捷键发出"结构钢筋"命令,在"修改|放置钢筋"栏中,选择"当前工作平面"为放置平面,选择"平行于工作平面"为放置方向,在"属性"面板中,选择"钢筋 6 HPB300"类型,在"造型"栏中选择"33"钢筋形状,在"钢筋集"栏中,将"布局规则"设置为"最大间距",在"间距"栏输入 150,最后箍筋放置在 TZ1 中,如图 6.48 所示。

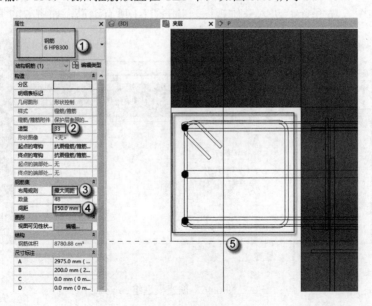

图 6.48　放置箍筋

（2）放置纵筋。在"项目浏览器"面板中，进入 P 视图，选择 TZ1 图元，按 GJ 快捷键发出"结构钢筋"命令，在"修改"|"放置钢筋"栏中，选择"近保护层参照"为放置平面，选择"平行于工作平面"为放置方向，在"属性"面板中，选择"钢筋 14 HRB400"类型，在"造型"栏中选择"05"钢筋形状，在"钢筋集"栏，将"布局规则"设置为"单根"，将纵筋放置在 TZ1 中，并拖动钢筋下部的"造型操纵柄"，使纵筋锚入基础，如图 6.49 所示。

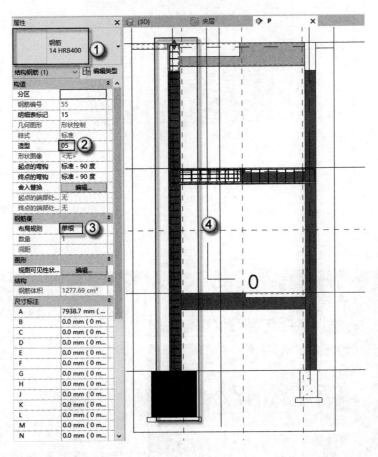

图 6.49　放置纵筋

（3）调整纵筋弯钩方向。双击已放置的纵向钢筋，进入"修改丨编辑钢筋草图"界面，单击纵向钢筋下方的"切换弯钩方向"按钮（图中①处），切换纵向钢筋下部弯钩的方向，单击"√"按钮，完成绘制，如图 6.50 所示。

（4）复制纵筋。在"项目浏览器"面板中，进入 2F 视图，选择已放置的一根纵筋（图中①处），按 CO 快捷键发出"复制"命令，向上复制生成另一根纵筋（图中②处），再选择这两根纵筋（图中①②处），按 MM 快捷键发出"有轴镜像"命令，以 TZ1 上下两边的中点连线为镜像轴（图中③处），在另一侧生成两根纵筋（图中④处），如图 6.51 所示。

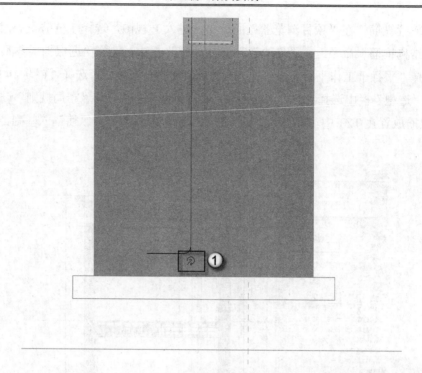

图 6.50　调整纵筋弯钩方向

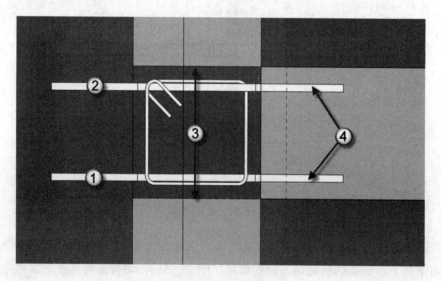

图 6.51　复制纵筋

（5）复制锚入承台箍筋。在"项目浏览器"面板中，进入剖面 P 视图，选择箍筋，按 CO 快捷键发出"复制"命令，复制箍筋并进入承台，在"属性"面板中，将"布局规则"设置为"固定数量"，在"数量"栏输入 3，如图 6.52 所示。

（6）创建模型组。选择梯柱 TZ1 所有钢筋，按 GP 快捷键发出"创建组"命令，在弹出的"创建模型组"对话框的"名称"栏中输入"梯柱 TZ1 钢筋"字样，单击"确定"按钮，完成操作，如图 6.53 所示。

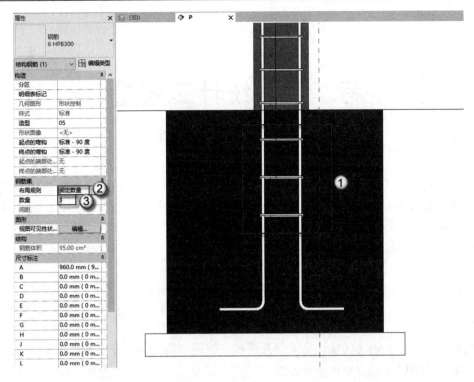

图 6.52　复制锚入承台箍筋

进入三维视图，检查 TZ1 中所有的钢筋，如图 6.54 所示。

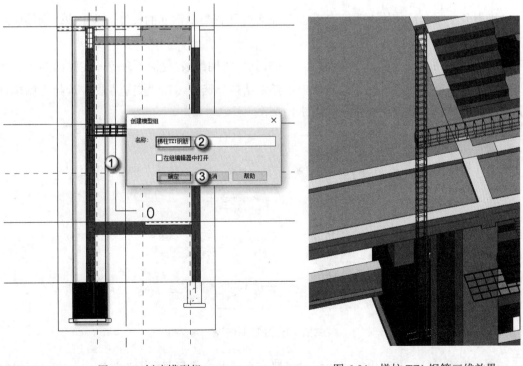

图 6.53　创建模型组　　　　　　　图 6.54　梯柱 TZ1 钢筋三维效果

第 7 章 统计工程量

Revit 功能特别强大,除前面几章介绍的可以绘制各种钢筋图外,还可以统计各式各样的工程量,并生成相应的明细表。这些明细表不仅可以给施工提供方便,还可以为算量增加一定的依据。

7.1 钢筋的统计

在实际工程中,钢筋的统计主要分为两种:按照钢筋的类型分别统计长度;统计钢筋的总重量。本节将分别介绍这两种方法。

7.1.1 钢筋长度

本小节中将介绍使用"明细表/数量"命令统计各类型钢筋的长度,并生成《钢筋明细表》,供施工与算量使用。

(1)新建明细表。选择"视图"|"明细表"|"明细表/数量"命令,在弹出的"新建明细表"对话框中的"过滤器列表"中选择"结构"选项,在"类别"栏中选择"结构钢筋"选项,单击"确定"按钮,如图 7.1 所示。

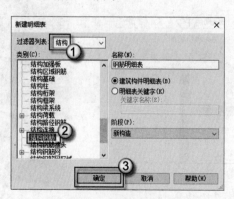

图 7.1 新建明细表

(2)选择字段。在弹出的"明细表属性"对话框中选择"字段"选项卡,在"可用的字段"栏中选择"类型""钢筋直径""总钢筋长度" 3 个字段,单击"添加参数"按钮,将这 3 个字段添加至"明细表字段"栏中，注意顺序为"类型""钢筋直径""总钢筋长度"（从上至下），如果顺序不对，可以单击"上移参数"或"下移参数"两个按钮（图中⑤处）调整上下顺序，如图 7.2 所示。

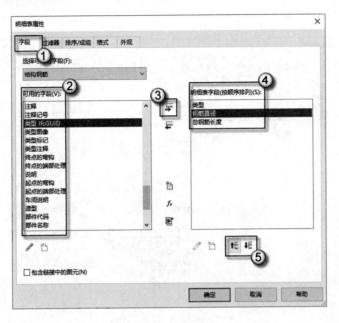

图 7.2　选择字段

（3）排序/成组。选择"排序/成组"选项卡，切换"排序方式"为"类型"选项，勾选"总计"复选框，切换"仅总数"选项，取消"逐项列举每个实例"复选框的勾选，如图 7.3 所示。

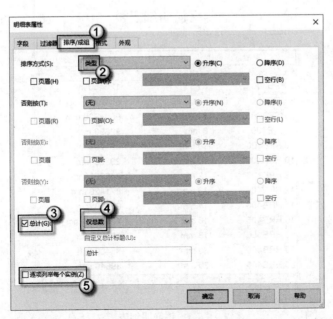

图 7.3　排序/成组

（4）选择格式。选择"格式"选项卡，在"字段"栏中选择"总钢筋长度"选项，勾选"在图纸上显示条件格式"复选框，并切换至"计算总数"选项，单击"确定"按钮，如图 7.4 所示。操作完成后会自动生成《钢筋明细表》，如图 7.5 所示，注意，图中①处为项目中所有钢筋的总长度。

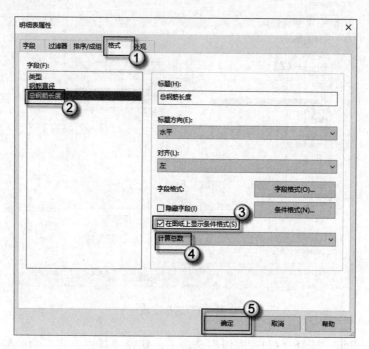

图 7.4　选择格式

<钢筋明细表>		
A	**B**	**C**
类型	钢筋直径	总钢筋长度
6 HPB300	6 mm	120450 mm
6 HRB400	6 mm	8040 mm
8 HPB300	8 mm	5004720 mm
8 HRB400	8 mm	92690 mm
10 HPB300	10 mm	427750 mm
10 HRB400	10 mm	29220 mm
12 HPB300	12 mm	646250 mm
12 HRB400	12 mm	871420 mm
14 HRB400	14 mm	62990 mm
16 HRB400	16 mm	4719080 mm
18 HRB400	18 mm	15320 mm
20 HRB400	20 mm	35480 mm
25 HRB400	25 mm	89640 mm
		12123050 mm ①

图 7.5　钢筋明细表

7.1.2 钢筋重量

本小节修改上一小节生成的《钢筋明细表》，增加计算公式，统计整个项目的钢筋总重量。

（1）添加公式。在"属性"面板单击"字段"旁边的"编辑"按钮，在弹出的"明细表属性"对话框中单击"fx"（添加计算参数）按钮，在弹出的"计算值"对话框中的"名称"栏中输入"钢筋重量"字样，在公式栏中输入"钢筋直径 ^2 * 总钢筋长度/1 * 1000000 * 0.00617"计算式，两次单击"确定"按钮，完成操作。在输入公式时，也可以单击 ■■■ 按钮（图中⑦处），在弹出的"字段"对话框中选择需要的字段（图中⑧处），如图 7.6 所示。"公式"栏中输入的"钢筋直径"与"总钢筋长度"两个字段，可手工输入，也可以在"字段"对话框中选择。

图 7.6 添加公式

🔔 **注意**：输入的公式"钢筋直径 ^2 * 总钢筋长度/1 * 1000000 * 0.00617"中，^2 是平方的意思，/1 是转换单位的意思，*1000000 是将平方毫米转换为平方米，0.00617 是圆钢的容重。

（2）选择格式。选择"格式"选项卡，在"字段"栏中选择"钢筋重量"选项，勾选"在图纸上显示条件格式"复选框，切换至"计算总数"选项，单击"确定"按钮，如图 7.7 所示。操作完成后会自动生成《钢筋明细表》，如图 7.8 所示，注意，图中①处为项目中所有钢筋的总长度，图中②处为项目中所有钢筋的总重量（单位是 kg）。

（3）导出明细表。选择"文件"|"导出"|"报告"|"明细表"命令，在弹出的"导出明细表"对话框中的"文件名"栏中输入"钢筋明细表"字样，单击"保存"按钮，

在弹出的"导出明细表"对话框中单击"确定"按钮，如图 7.9 所示。这样导出的文件就可以在 Excel 或 WPS 等软件中进行处理，生成更具体的《钢筋下料表》，方便施工时选用。

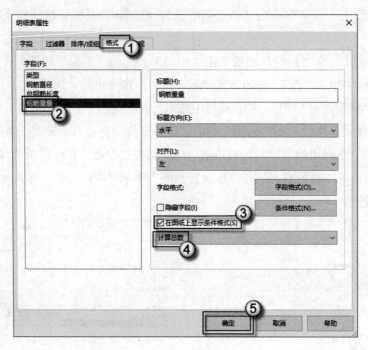

图 7.7　选择格式

<钢筋明细表>			
A	**B**	**C**	**D**
类型	钢筋直径	总钢筋长度	钢筋重量
6 HPB300	6 mm	120450 mm	26.754354
6 HRB400	6 mm	8040 mm	1.785845
8 HPB300	8 mm	5004720 mm	1976.263834
8 HRB400	8 mm	92690 mm	36.601427
10 HPB300	10 mm	427750 mm	263.92175
10 HRB400	10 mm	29220 mm	18.02874
12 HPB300	12 mm	646250 mm	574.1802
12 HRB400	12 mm	871420 mm	774.239242
14 HRB400	14 mm	62990 mm	76.175067
16 HRB400	16 mm	4719080 mm	7453.881242
18 HRB400	18 mm	15320 mm	30.625906
20 HRB400	20 mm	35480 mm	87.56464
25 HRB400	25 mm	89640 mm	345.67425
		①12123050 mm	11665.696495②

图 7.8　生成的钢筋明细表

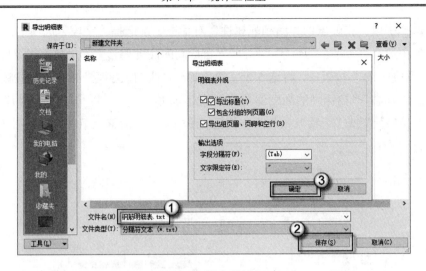

图 7.9　导出明细表

7.2　生　成　表　格

现在的结构施工图，一般会将柱的各项信息列在表中以方便施工时随时查阅，而平面图只提供定位作用。本节介绍《楼板明细表》与《框架柱明细表》两种表格的生成。

7.2.1　楼板明细表

《楼板明细表》可以利用项目中已有的参数直接生成。需要注意的是，有些利用"结构楼板"命令绘制的构件，其本身不属于楼板，需要在明细表中处理。

（1）新建明细表。选择"视图"|"明细表"|"明细表/数量"命令，在弹出的"新建明细表"对话框中的"过滤器列表"中选择"结构"选项，在"类别"栏中选择"楼板"选项，在"名称"栏中输入"楼板明细表"字样，单击"确定"按钮，如图 7.10 所示。

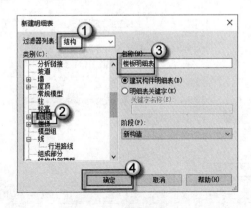

图 7.10　新建明细表

（2）选择字段。在弹出的"明细表属性"对话框中，选择"字段"选项卡，在"可用的字段"栏中选择"类型""合计""标高""自标高的高度偏移"和"核心层厚度"5 个字段，单击"添加参数"按钮，将这 5 个字段添加至"明细表字段"栏中，注意顺序为"类型""合计""标高""自标高的高度偏移""核心层厚度"（从上至下），如果顺序不对，可以单击"上移参数"或"下移参数"两个按钮（图中⑤处）调整上下顺序，如图 7.11 所示。

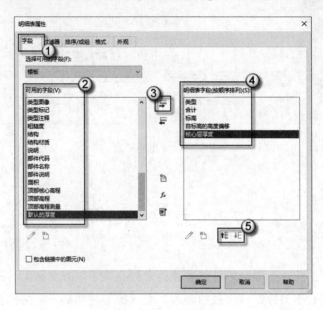

图 7.11　选择字段

（3）排序/成组。选择"排序/成组"选项卡，切换"排序方式"为"类型"选项，取消"总计"和"逐项列举每个实例"两个复选框的勾选，单击"确定"按钮，如图 7.12 所示。操作后会生成《楼板明细表》。

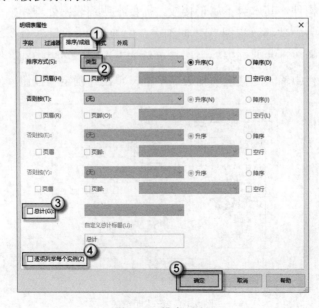

图 7.12　排序/成组

（4）调整明细表。在《楼板明细表》中，PTB1 这一行是多余的，因为平台板 PTB1虽然是用"结构楼板"命令绘制的，但是其不属于楼板的构件，而属于楼梯构件。Revit不方便在明细表中去掉这一行，需要导出明细表后，在 Excel 或 WPS 中完成。将"自标高的高度偏移"表头改为"降板（mm）"（图中②处），将"核心层厚度"表头改为"板厚（mm）"（图中③处），如图 7.13 所示。调整之后的楼板明细表如图 7.14 所示。

A	B	C	D	E
类型	合计	标高	自标高的高度偏移	核心层厚度
2B1	1	2F	0	100
2B2	1	2F	-50	80
2B3	1	2F	0	80
2B4	1	2F	0	120
2B5	3	2F	0	90
2B6	1	2F	0	120
2B7	1	2F	0	120
2B8	1	2F	0	90
2B9	1	2F	-100	100
PTB1	4			80

图 7.13　调整明细表

<楼板明细表>

A	B	C	D	E
类型	合计	标高	降板（mm）	板厚（mm）
2B1	1	2F	0	100
2B2	1	2F	-50	80
2B3	1	2F	0	80
2B4	1	2F	0	120
2B5	3	2F	0	90
2B6	1	2F	0	120
2B7	1	2F	0	120
2B8	1	2F	0	90
2B9	1	2F	-100	100

图 7.14　调整之后的楼板明细表

7.2.2　框架柱明细表

框架柱表格的生成不仅要用到"明细表"命令，还要用到 Revit 中比较难理解的参数类型——共享参数。只有在构件族中增加相应的共享参数，才能在明细表中生成需要的字段，从而正确创建《框架柱明细表》。

（1）创建共享参数。双击任意框架柱进入族编辑模式，单击"族类型"按钮，在弹出的"族类型"对话框中选中"b"尺寸标注，单击"编辑参数"按钮，在弹出的"参数属性"对话框中选择"共享参数"单选按钮,在弹出的"未指定共享参数文件"对话框中单击"是"按钮,在弹出的"编辑共享参数"对话框中单击"创建"按钮,在弹出的"创建共享参数文件"对话框中的"文件名"栏中输入"框剪结构"字样,单击"保存"按钮,在返回的"编辑共享参数"对话框中的"组"栏中单击"新建"按钮,在弹出的"新参数组"对话框中的"名称"栏中输入"结构"字样,单击"确定"按钮,在返回的"编辑共享参数"对话框中的"参数"栏中单击"新建"按钮,在弹出的"参数属性"对话框中的"名称"栏中输入"柱-b"字样,单击"确定"按钮,在返回的"编辑共享参数"对话框中单击"确定"按钮,如图 7.15 所示。设置完成之后,可以观察到"尺寸标注"栏中的"b"已经被"柱-b"代替了,如图 7.16 所示。使用同样的方法,用共享参数"柱-h"代替"h",单击"确定"按钮,完成操作,如图 7.17 所示。

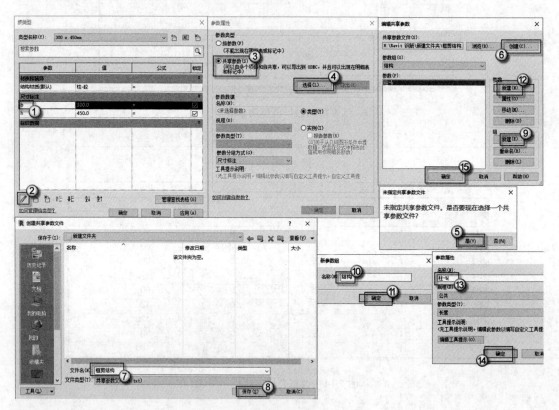

图 7.15　创建共享参数

💬注意:"族类型"中的 b 与 h 是系统自带的族参数,表示柱的长度与宽度。这种族参数不会直接出现在明细表中。但《框架柱明细表》必须统计柱的长度与宽度,而"共享参数"恰恰能解决这一问题。用共享参数"柱-h"与"柱-b"代替默认的族参数 h 与 b,柱的长度与宽度便出现在明细表中。需要注意的是,共享参数与族参数的名称一定要有所区别,否则会难以辨别是否改成了共享参数。

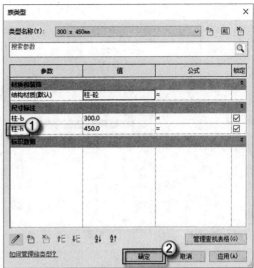

图 7.16　代替的共享参数 1　　　　　图 7.17　代替的共享参数 2

（2）将修改的族载入项目。单击"载入项目"按钮 🖿，在弹出的"族已存在"对话框中选择"覆盖现有版本及其参数值"选项，如图 7.18 所示。

（3）新建明细表。选择"视图"|"明细表"|"明细表/数量"命令，在弹出的"新建明细表"对话框中的"过滤器列表"中选择"结构"选项，在"类别"栏中选择"结构柱"选项，在"名称"栏中输入"框架柱明细表"字样，单击"确定"按钮，如图 7.19 所示。

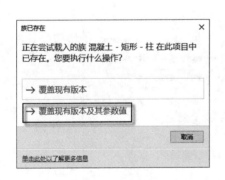
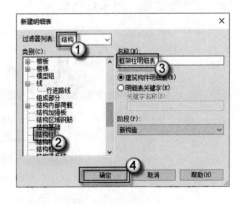

图 7.18　载入项目　　　　　　　　图 7.19　新建明细表

（4）增加字段。在弹出的"明细表属性"对话框中选择"字段"选项卡，在"可用的字段"栏中选择"类型""柱-b""柱-h""底部标高""顶部标高"和"合计"6 个字段，单击"添加参数"按钮 🠖，将这 6 个字段添加至"明细表字段"栏中，注意顺序为"类型""柱-b""柱-h""底部标高""顶部标高""合计"（从上至下），如果顺序不对，可以单击"上移参数"或"下移参数"两个按钮（图中⑤处）调整上下顺序，如图 7.20 所示。

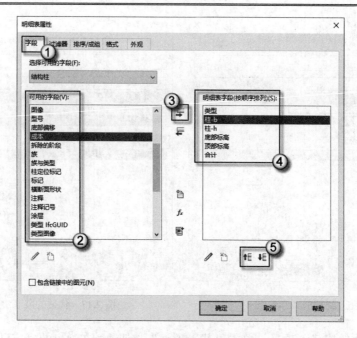

图 7.20　增加字段

🔔注意：此处选择的两个字段（"柱-b"与"柱-h"）即前面设置的共享参数。

（5）排序/成组。选择"排序/成组"选项卡，切换"排序方式"为"类型"选项，取消"总计"与"逐项列举每个实例"两个复选框的勾选，单击"确定"按钮，如图7.21所示。操作完成后生成《框架柱明细表》。

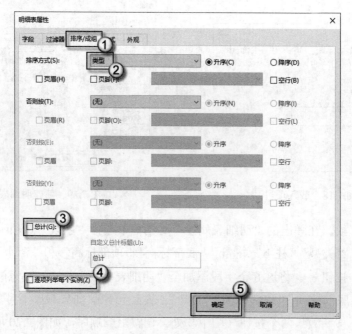

图 7.21　排序/成组

生成的《框架柱明细表》多了剪力墙暗柱（图中①处）和梯柱（图中②处），如图 7.22 所示。去除这两处多余的部分不方便在 Revit 明细表中操作，需要导出明细表，在 Excel 或 WPS 中完成。

<框架柱明细表>					
A	B	C	D	E	F
类型	柱-b	柱-h	底部标高	顶部标高	合计
GAZ1	300	400	基础顶面	2F	4
GJZ1			基础顶面	2F	1
GJZ2			基础顶面	2F	1
GJZ3			基础顶面	2F	2
GJZ4			基础顶面	2F	2
GYZ1	200	600	基础顶面	2F	1
GYZ2			基础顶面	2F	1
KZ1	350	350	基础顶面	2F	6
KZ2	500	500	基础顶面	2F	6
KZ2a	500	500	基础顶面	2F	1
KZ3	500	500	基础顶面	2F	1
KZ4	400	700	基础顶面	2F	2
KZ5	400	700	基础顶面	2F	2
KZ6	500	500	基础顶面	2F	2
KZ7	500	500	基础顶面	2F	2
TZ1	250	250	基础顶面	2F	3

图 7.22　框架柱明细表

附录 A   Revit 常用快捷键

在使用 Revit 时，使用快捷键进行操作可以提高设计、建模、作图和修改的效率。与 AutoCAD 不定位数的字母快捷键不同；与 3ds Max 的 Ctrl、Shift、Alt+字母的组合式快捷键不同，Revit 的快捷键都是两个字母，如轴网命令 GR 的操作，就是依次快速按下键盘上的 G、R 键，而不是同时按下 G 和 R 键不放。

读者可以从本书中学习笔者用快捷键操作 Revit 的习惯。表 A.1 中给出了 Revit 常见的快捷键使用方式，可供读者查阅。

表A.1   Revit常用快捷键

类 别	快 捷 键	命 令 名 称	备 注
结构专业	BM	梁	
	SB	楼板	
	CL	柱	
	GJ	结构钢筋	需要自定义
共用专业	RP	参照平面	
	TL	细线	
	DI	对齐尺寸标注	
	LL	标高	
	GR	轴网	
	CM	放置构件	
	TG	按类别标记	
编辑	SY	符号	
	TX	文字	
	CM	放置构件	
	AL	对齐	
	MV	移动	
	CO	复制	
	RO	旋转	
	MM	有轴镜像	
	DM	无轴镜像	

类　别	快　捷　键	命　令　名　称	备　注
编辑	TR	修剪/延伸为角	
	SL	拆分图元	
	PN	解锁	
	UP	锁定	
	GP	创建组	
	UG	解组	
	OF	偏移	
	RE	缩放	
	AR	阵列	
	DE（或Delete）	删除	
	MA	类型属性匹配	
	CS	创建类似	
视图	R3（或空格键）	定义旋转中心	
	F8	视图控制盘	
	VV	可见性/图形	
	ZR	区域放大	
	ZF（或双击滚轮）	缩放匹配	
	ZP	上一次缩放	
视觉样式	WF	线框	
	HL	隐藏线	
	SD	着色	
	GD	图形显示选项	
临时隐藏/隔离	HH	临时隐藏图元	
	HC	临时隐藏类别	
	HI	临时隔离图元	
	IC	临时隔离类别	
	HR	重设临时隐藏/隔离	
视图隐藏	EH	在视图中隐藏图元	
	VH	在视图中隐藏类别	
	RH	显示隐藏的图元	
选择	SA	在整个项目中选择全部实例	
	RC（或Enter）	重复上一次命令	
	Ctrl+←	重复上一次选择集	

续表

类　别	快　捷　键	命　令　名　称	备　注
捕捉替代	SR	捕捉远距离对象	
	SQ	象限点	
	SP	垂足	
	SN	最近点	
	SM	中点	
	SI	交点	
	SE	端点	
	SC	中心	
	ST	切点	
	SS	关闭替换	
	SZ	形状闭合	
	SO	关闭捕捉	

　　自定义快捷键的方法是，选择菜单栏"文件"｜"选项"命令，在弹出的"选项"对话框中，选择"用户界面"选项卡，单击"快捷键"选项的"自定义"按钮，在弹出的"快捷键"对话框中的"搜索"栏中输入需要自定义的快捷键的命令名称，在"按新键"栏中输入快捷键，单击"指定"按钮，再两次单击"确定"按钮完成操作，如图 A.1 所示。

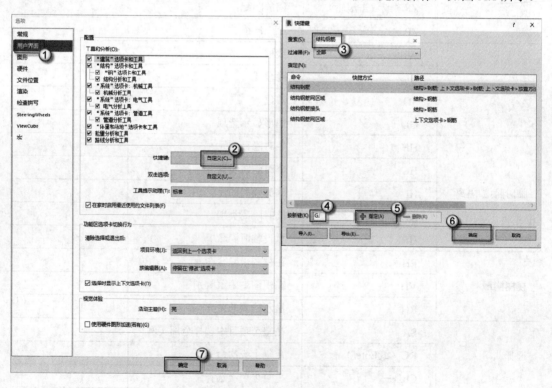

图 A.1　自定义快捷键 1

　　或者按 KS 快捷键，在弹出的"快捷键"对话框中找到需要定义快捷键的命令，在"按新键"栏中输入相应快捷键，单击"指定"按钮，再单击"确定"按钮完成操作，如图 A.2 所示。

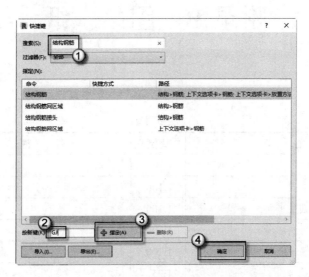

图 A.2　自定义快捷键 2

附录 B 图 纸

图纸目录

注：墙、柱混凝土等级为C35；梁、板与其他类别构件的混凝土等级为C30。

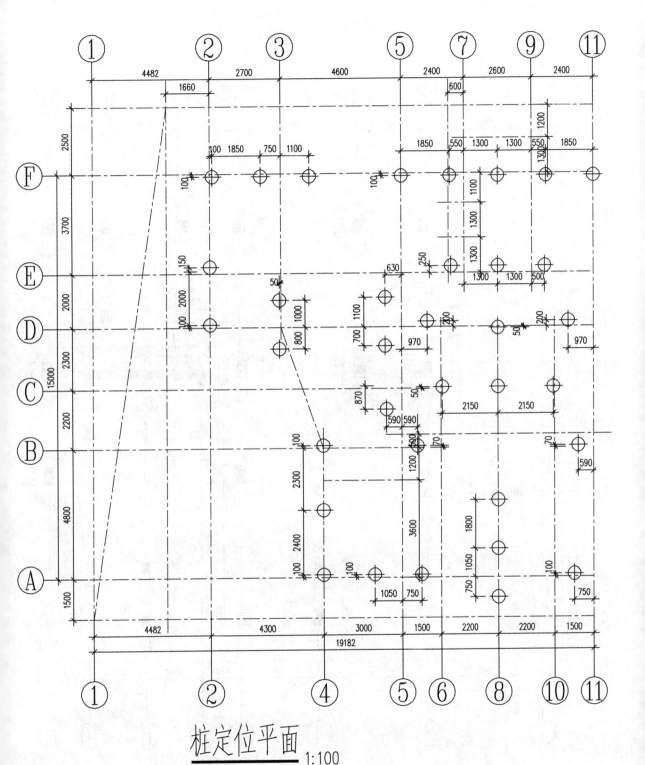

桩定位平面 1:100

注:1.本工程共35根桩 ⊕,桩直径为500mm.
2.本工程±0.000相当于绝对标高26.190m.
3.采用预应力混凝土管桩,工程桩型号为PHC-A500(100),单桩竖向抗压承载力特征值为Ra=2000kN.
4.工程桩的桩顶伸入承台100mm.
5.工程桩的长度假定为8m(统一长度).

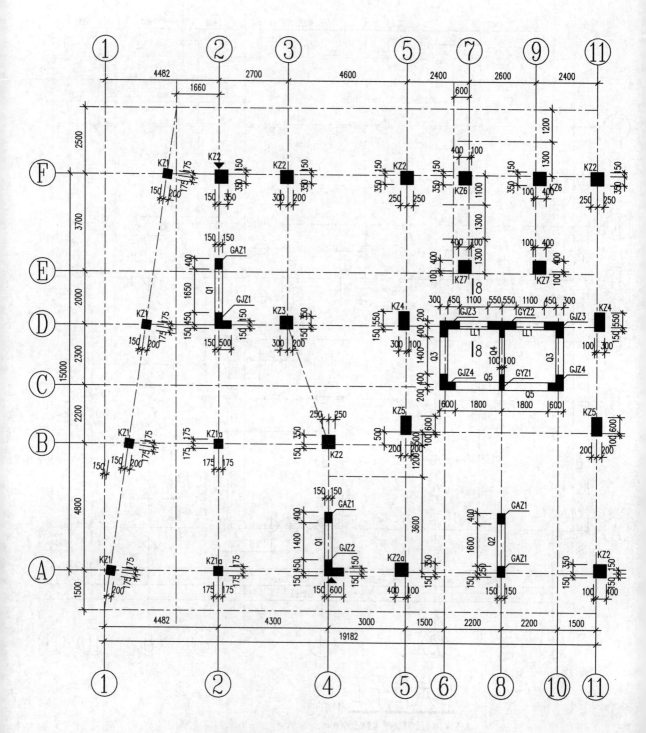

墙柱定位平面 1:100

注:1. ▲ 为沉降观测点,共2处.

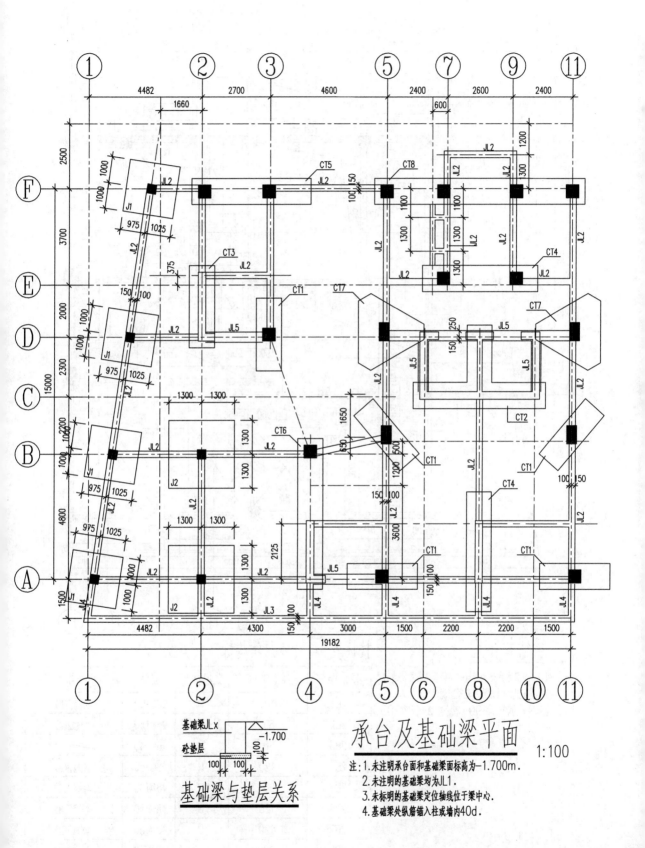

基础梁JLx

砼垫层

-1.700

基础梁与垫层关系

承台及基础梁平面　1:100

注:1.未注明承台面和基础梁面标高为-1.700m.
2.未注明的基础梁均为JL1.
3.未标明的基础梁定位轴线位于梁中心.
4.基础梁处纵筋锚入柱或墙内40d.

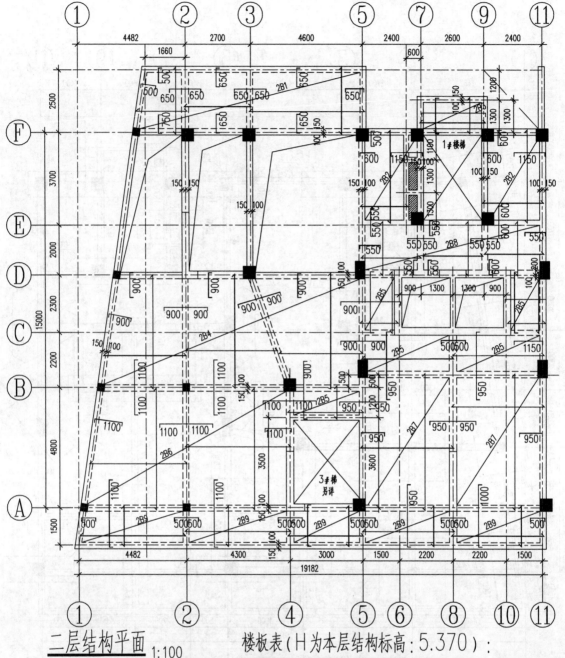

二层结构平面 1:100

注: 1.图中 ▨ 示意处为管道井, 楼板钢筋照常通过,
待管道安装后用微膨胀混凝土浇筑.
2.板底筋皆为Φ10@190, 板分布筋为Φ8@200.

楼板表 (H为本层结构标高: 5.370):

楼板编号	板厚 (mm)	板项标高	面筋	抗裂构造筋 (双向)
2B1	100	H	Φ8@190	Φ8@200
2B2	80	H-0.050	Φ6@150	Φ8@200
2B3	80	H	Φ6@140	
2B4	120	H	Φ8@150	Φ8@200
2B5	90	H	Φ8@160	
2B6	120	H	Φ8@150	Φ8@200
2B7	120	H	Φ8@150	Φ8@200
2B8	90	H	Φ8@160	Φ8@200
2B9	100	H-0.100	Φ8@160	

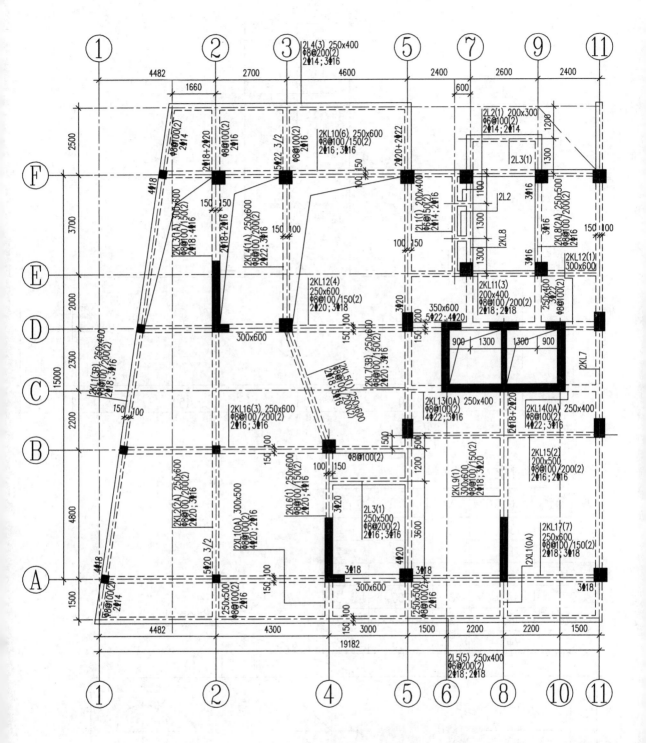

二层梁配筋平面 1:100

注：1. 未注明的梁面标高为 5.370m。

2. 未标明梁定位轴线位于梁中心（或平柱、墙边线）。

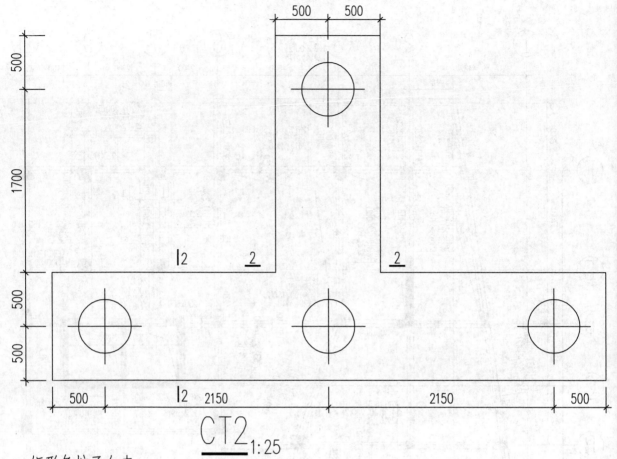

$$\underline{CT2}_{1:25}$$

矩形多桩承台表:

承台编号	A(mm)	N	D(mm)	断面图
CT1	1800	2	1600	1-1
CT3	2150	2	1000	2-2
CT4	3600	3	1600	3-3
CT5	3700	3	1600	3-3
CT6	4800	3	1000	2-2
CT8	7400	5	1600	3-3

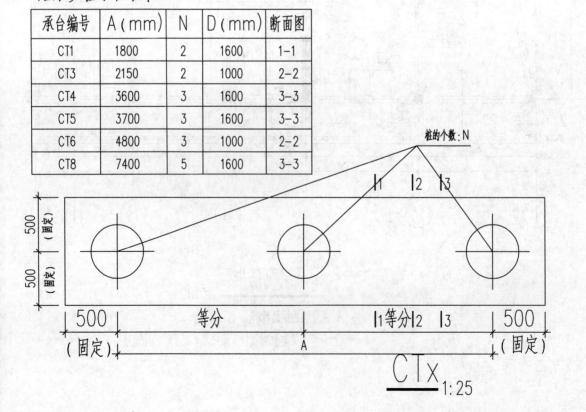

$$\underline{CTx}_{1:25}$$

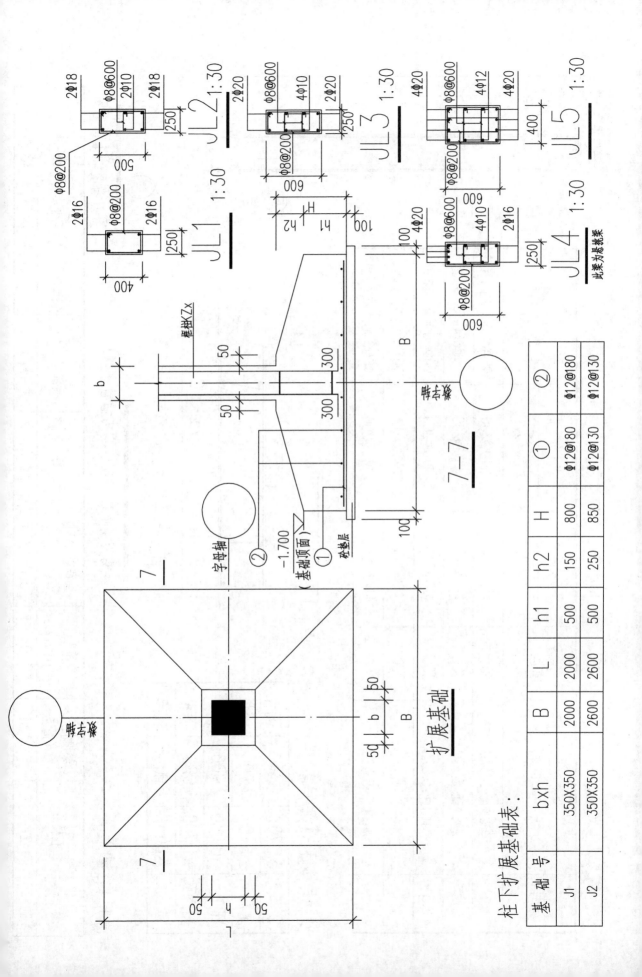

JL2 1:30
2Φ18
Φ8@600
2Φ10
2Φ18
Φ8@200
250
500

JL1 1:30
2Φ16
Φ8@200
2Φ16
250
400

JL3 1:30
2Φ20
Φ8@600
4Φ10
2Φ20
Φ8@200
250
600

JL5 1:30
4Φ20
Φ8@600
4Φ12
4Φ20
Φ8@200
400
600

JL4 1:30
4Φ20
Φ8@600
4Φ10
2Φ16
Φ8@200
250
600
此梁为基础梁

框柱Zx
b
50
300
50
300
B
7—7
字母轴
轴号
②
①
—1.700（基础顶面）
砼垫层
100

扩展基础
B
b
50
5q
h
50
L
7
7
轴号

柱下扩展基础表：

基础号	bxh	B	L	h1	h2	H	①	②
J1	350X350	2000	2000	500	150	800	Φ12@180	Φ12@180
J2	350X350	2600	2600	500	250	850	Φ12@130	Φ12@130

剪力墙身Q配筋表：

编号	标高	墙厚	垂直分布筋 ⑥	水平分布筋 ⑦	拉　筋
Q1	基础顶面~5.370	300	Φ10@200	Φ10@200	Φ6@600(梅花型布置)
Q2	基础顶面~5.370	300	Φ10@200	Φ10@200	Φ6@600(梅花型布置)
Q3	基础顶面~5.370	300	Φ10@200	Φ10@200	Φ6@600(梅花型布置)
Q4	基础顶面~5.370	200	Φ8@200	Φ8@200	Φ6@600(梅花型布置)
Q5	基础顶面~5.370	300	Φ10@200	Φ10@200	Φ6@600(梅花型布置)

结构层楼面标高与层高：

层号	标高(m)	层高(m)	结构类型
2F	5.370		结构
夹层	2.670	2.700	楼梯
1F	-0.030	2.700	楼梯
基础顶面	-1.700	1.620	结构
	标高(m)	层高(m)	标高类型

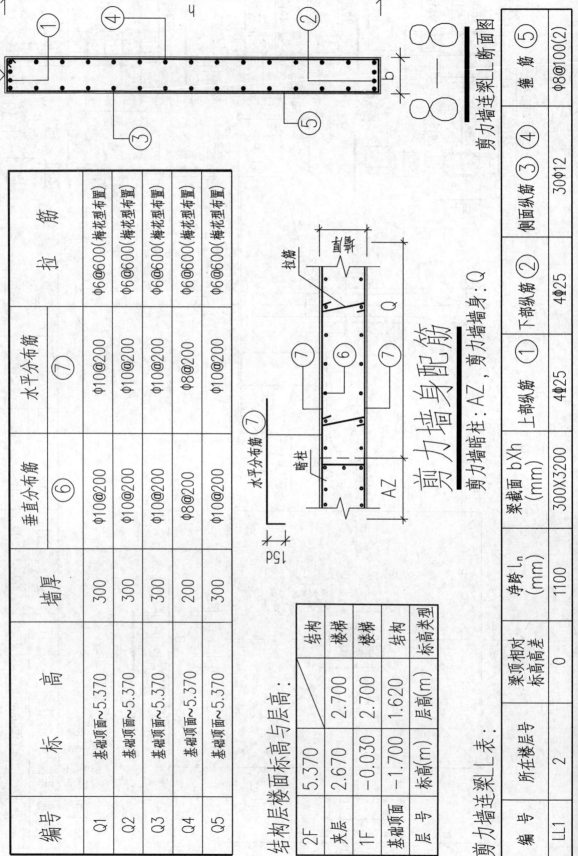

水平分布筋 ⑦
暗柱
拉筋
暗柱
15d
AZ
Q
⑥
⑦
⑦

剪力墙墙身配筋

剪力墙暗柱：AZ，剪力墙墙身：Q

本层结构标高

① ④ ② ⑤ ③

8-8

剪力墙连梁LL断面图

剪力墙连梁LL表：

编号	所在楼层号	梁顶相对标高高差	净跨 ln(mm)	梁截面 bXh(mm)	上部纵筋 ①	下部纵筋 ②	侧面纵筋 ③④	箍 筋 ⑤
LL1	2	0	1100	300X3200	4Φ25	4Φ25	30Φ12	Φ8@100(2)

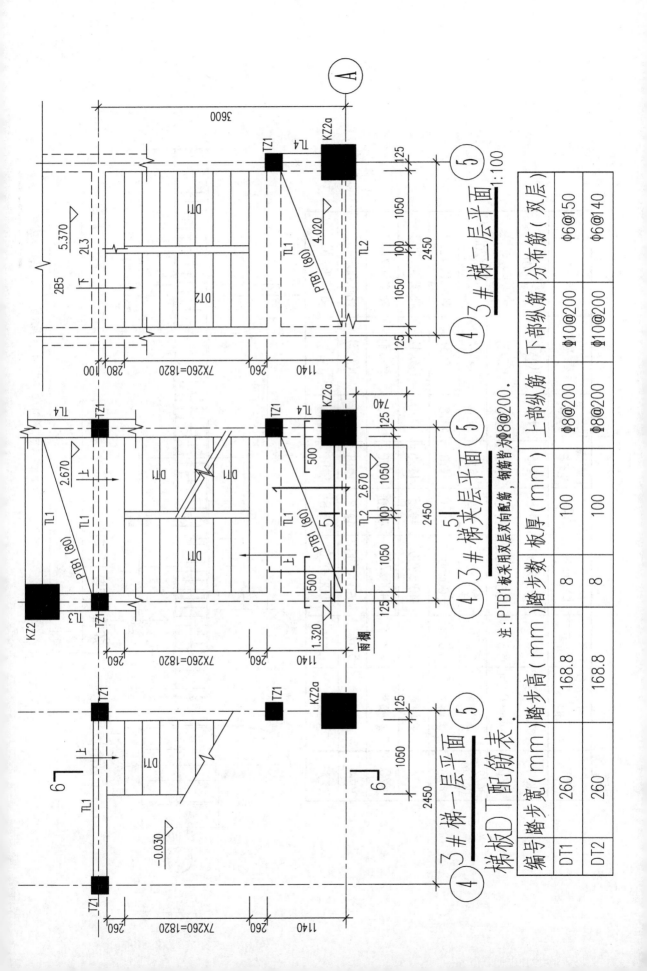

注：PTB1板采用双层双向配筋，钢筋均为φ8@200.

梯板DT配筋表

编号	踏步宽（mm）	踏步高（mm）	踏步数	板厚（mm）	上部纵筋	下部纵筋	分布筋（双层）
DT1	260	168.8	8	100	Φ8@200	Φ10@200	Φ6@150
DT2	260	168.8	8	100	Φ8@200	Φ10@200	Φ6@140

3#梯一层平面 ④—⑤

3#梯夹层平面 ④—⑤

3#梯二层平面 ④—⑤ 1:100

柱筋表:

柱号	标高(m) 柱底	标高(m) 柱顶	bXh(mm)	角筋	b边一侧中部筋	h边一侧中部筋	箍筋类型号	箍 筋
KZ1	基础顶面+0.150	5.370	350x350	4Φ18	1Φ16	1Φ16	1(3X3)	Φ8@100/200 (Φ8@100)
KZ1a	基础顶面+0.250	5.370	350x350	4Φ18	1Φ16	1Φ16	1(3X3)	Φ8@100/200 (Φ8@100)
KZ2 (KZ2a)	基础顶面	5.370	500x500	4Φ20	1Φ18	1Φ18	1(3X3)	Φ8@100/200 (Φ8@100)
KZ3	基础顶面	5.370	500x500	4Φ20	1Φ18	1Φ18	1(3X3)	Φ8@100/200
KZ4	基础顶面	5.370	400x700	4Φ25	1Φ25	3Φ20	1(3X4)	Φ8@100/200
KZ5	基础顶面	5.370	400x700	4Φ20	1Φ20	3Φ16	1(3X4)	Φ8@100/200
KZ6	基础顶面	5.370	500x500	4Φ18	1Φ18	1Φ18	1(3X3)	Φ8@100
KZ7	基础顶面	5.370	500x500	4Φ18	1Φ18	1Φ18	1(3X3)	Φ8@100/200

箍筋类型1
(nxm)

b

h

纵向钢筋

字母轴

Hn

箍筋加密区范围

加密

加密

加密

加密

加密

加密

加密

框架柱箍筋加密示意

≥柱长边尺寸，≥Hn/6，≥500，取其大值

圈梁

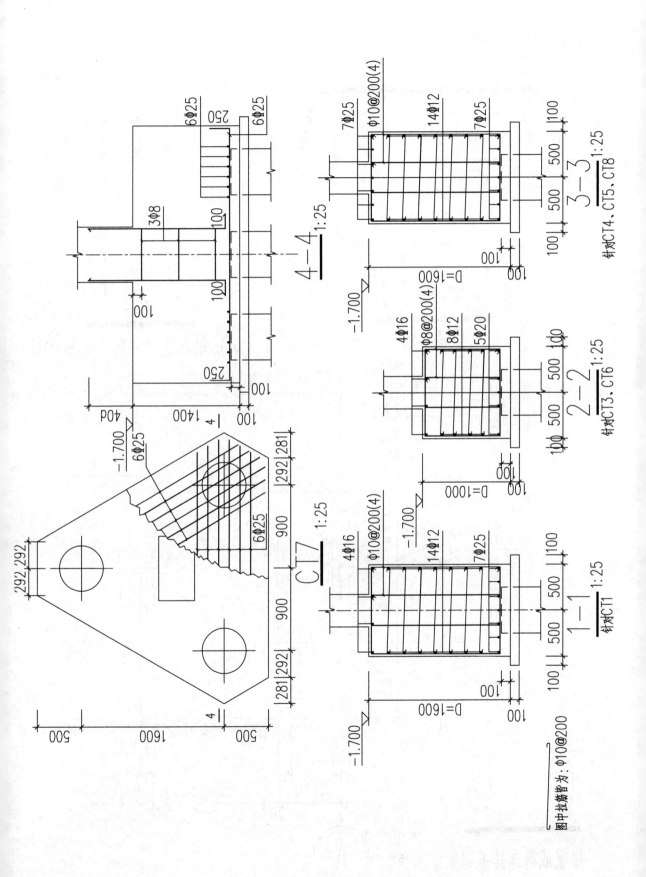

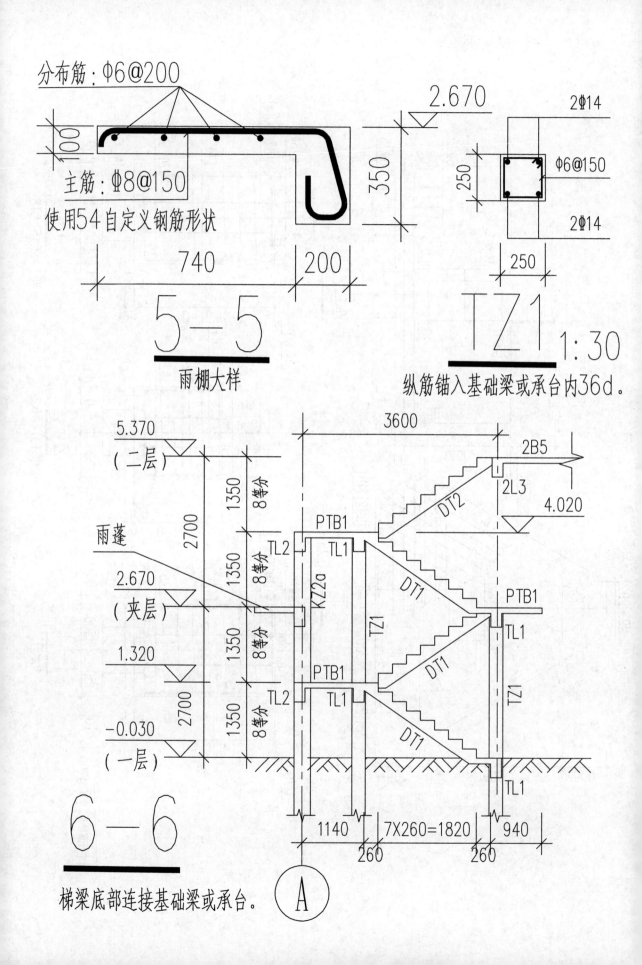

分布筋：Φ6@200

主筋：Φ8@150

使用54自定义钢筋形状

100

740 200

350

5—5
雨棚大样

2.670

2Φ14

250

Φ6@150

2Φ14

250

250

TZ1 1:30
纵筋锚入基础梁或承台内36d。

5.370
（二层）

3600

2B5

2L3

4.020

1350 8等分

2700

1350 8等分

PTB1

TL2 TL1

DT2

雨蓬

2.670
（夹层）

KZ2a

DT1

TZ1

PTB1

TL1

1.320

1350 8等分

PTB1

DT1

TZ1

2700

TL2 TL1

1350 8等分

DT1

-0.030
（一层）

TL1

1140 7×260=1820 940

260 260

6—6
梯梁底部连接基础梁或承台。

Ⓐ

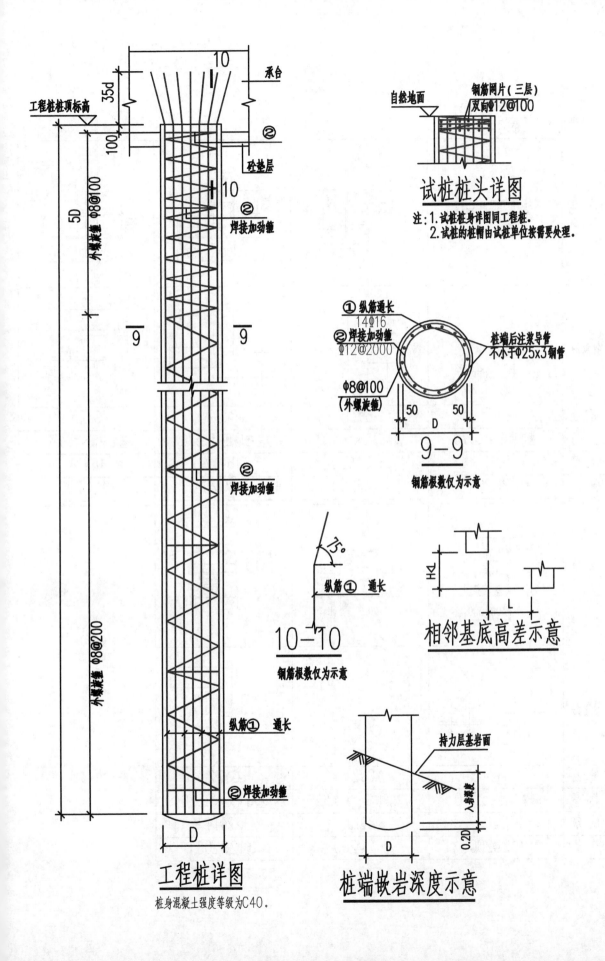

承台

工程桩桩顶标高

砼垫层

②焊接加劲箍

②焊接加劲箍

②焊接加劲箍

纵筋① 通长

②焊接加劲箍

工程桩详图

桩身混凝土强度等级为C40。

试桩桩头详图

自然地面

钢筋网片（三层）
双向Φ12@100

注：1.试桩桩身详图同工程桩.
2.试桩的桩帽由试桩单位按需要处理.

①纵筋通长
14Φ16

②焊接加劲箍
Φ12@2000

Φ8@100
（外螺旋箍）

桩端后注浆导管
不小于Φ25x3钢管

9-9

钢筋根数仅为示意

75°

纵筋① 通长

10-10

钢筋根数仅为示意

相邻基底高差示意

持力层基岩面

桩端嵌岩深度示意

剪力墙暗柱AZ表：

截面			
抽筋图			
编号	GAZ1	GJZ1	GJZ2 / GJZ3
标高	基础顶面~5.370	基础顶面~5.370	基础顶面~5.370
纵筋	8Φ12	16Φ12	16Φ12 / 16Φ14
箍筋	Φ12@200	Φ12@200	Φ12@200

截面			
抽筋图			
编号	GJZ4	GYZ1	GYZ2
标高	基础顶面~5.370	基础顶面~5.370	基础顶面~5.370
纵筋	16Φ12	8Φ12	22Φ14
箍筋	Φ12@200	Φ12@200	Φ12@200

梁配筋表：

编号	宽（mm）	高（mm）	跨数	箍筋	箍数	间距（mm）	上部通长筋	下部通长筋
2KL1	250	400	3B	Φ8	2	100/200	2Φ18	3Φ16
2KL2	250	600	2A	Φ8	2	100/200	2Φ20	3Φ16
2KL3	300	600	1A	Φ8	2	100/150	2Φ18	4Φ16
2KL4	250	600	1A	Φ8	2	100/200	2Φ22	3Φ16
2KL5	250	600	1A	Φ8	2	100/200	2Φ18	3Φ16
2KL6	250	600	1	Φ8	2	100/150	2Φ20	4Φ16
2KL7	250	600	3B	Φ8	2	150/100	2Φ20	3Φ16
2KL8	250	500	2A	Φ8	2	100/200	2Φ16	
2KL9	300	600	1	Φ8	2	100/150	2Φ18	3Φ20
2KL10	250	600	4	Φ8	2	100/150	2Φ16	3Φ16
2KL11	200	400	3	Φ8	2	100/200	2Φ18	2Φ18
2KL12	250(300)	600	1(4)	Φ8	2	100/150	2Φ20	3Φ18
2KL13	250	400	0A	Φ8	2	100	4Φ22	3Φ16
2KL14	250	400	0A	Φ8	2	100	4Φ22	3Φ16
2XL15	200	500	2	Φ8	2	100/200	2Φ16	2Φ16
2KL16	250	600	3	Φ8	2	100/200	2Φ16	3Φ16
2KL17	250	600	7	Φ8	2	100/150	2Φ18	3Φ18
2XL1	300	500	0A	Φ8	2	100	4Φ20	2Φ16
2L1	200	400	1	Φ6	2	150	2Φ14	2Φ16
2L2	200	300	1	Φ6	2	100	2Φ14	2Φ14
2L3	250	500	1	Φ8	2	200	2Φ16	3Φ16
2L4	250	400	3	Φ8	2	200	2Φ14	3Φ16
2L5	250	400	5	Φ6	2	200	2Φ18	2Φ18

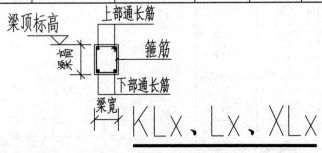

KLx、Lx、XLx

梯梁TLX表：

编号	宽（mm）	高（mm）	梁顶标高（m）	箍筋	间距（mm）	上部通长筋	下部通长筋
TL1	250	350	4.020 2.670 1.320 −0.030	Φ6	200	2Φ12	3Φ14
TL2	300	350	4.020 1.320	Φ6	85/170	2Φ14	2Φ14
TL3	250	300	4.020 1.320	Φ6	200	2Φ14	2Φ14
TL4	250	300	4.020 1.320	Φ6	75/150	2Φ14	2Φ14

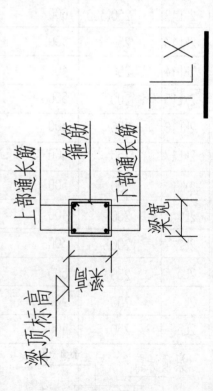

TLX

附录 C　Revit 自带的钢筋形状

Revit 软件自带 1~53（没有 40）共计 52 种钢筋形状，具体如表 C.1 所示。读者在配筋时，可以在此表中查看钢筋形状，记下编号，然后在配筋时直接切换编号。这样操作可提高工作效率。

表C.1　钢筋形状

编　号	钢 筋 形 状	编　号	钢 筋 形 状
1		9	
2		10	
3		11	
4		12	
5		13	
6		14	
7		15	
8		16	

续表

编　号	钢 筋 形 状	编　号	钢 筋 形 状
17		28	
18		29	
19		30	
20		31	
21		32	
22		33	
23		34	
24		35	
25		36	
26		37	
27		38	

编　号	钢 筋 形 状	编　号	钢 筋 形 状
39		47	
41		48	
42		49	
43		50	
44		51	
45		52	
46		53	

附录 D　剖面视图编号

Revit 必须在剖面视图中才能新建钢筋，所以，在本案例中新建了 A~P 共计 16 个剖面视图，用来新建各个部位的钢筋。因为篇幅所限，部分剖面视图并未在正文中提及。在表 D.1 中，详细列举了文中介绍过的剖面视图，以及在整个项目中剖面视图对应的构件类型。

表D.1　剖面视图编号

剖 面 编 号	对应正文中的章节	对应的构件
A	3.1.1	工程桩
B	3.2.1	扩展基础
C		扩展基础
D	3.2.2	承台
E	4.1.1	框架柱
F	4.2.1	剪力墙暗柱
G	4.2.2	剪力墙墙身
H	4.2.3	剪力墙连梁
I	4.2.3	剪力墙连梁
J	5.1.1	基础梁
K	5.1.2	框架梁
L	5.1.3	次梁
M	6.1.1/6.1.3	梯板/雨棚
N	6.1.1	梯板
O	6.2.1	梯梁
P	6.2.1	梯梁